玻璃心也没什么不好
高敏感人群的不受伤练习

The Highly Sensitive Person's Toolkit

[美] 艾莉森·莱夫科维茨○著
崔子涵○译

浙江大学出版社

图书在版编目（CIP）数据

玻璃心也没什么不好：高敏感人群的不受伤练习 /（美）艾莉森·莱夫科维茨著；崔子涵译. — 杭州：浙江大学出版社，2022.3
书名原文：The Highly Sensitive Person's Toolkit
ISBN 978-7-308-22029-3

Ⅰ.①玻… Ⅱ.①艾…②崔… Ⅲ.①心理学—通俗读物 Ⅳ.①B84-49

中国版本图书馆CIP数据核字（2021）第247603号

Copyright © 2020 by Rockridge Press, Emeryville, California
First Published in English by Rockridge Press, an imprint of Callisto Media, Inc.
The simplified Chinese translation rights arranged through Rightol Media（本书中文简体版权经由锐拓传媒取得Email:copyright@rightol.com）
浙江省版权局著作权合同登记图字：11—2021—284号

玻璃心也没什么不好：高敏感人群的不受伤练习
[美]艾莉森·莱夫科维茨 著　崔子涵 译

策　　划	杭州蓝狮子文化创意股份有限公司
责任编辑	张一弛
责任校对	陈　欣
封面设计	JAJA Design
出版发行	浙江大学出版社
	（杭州天目山路148号　邮政编码：310007）
	（网址：http://www.zjupress.com）
排　　版	浙江时代出版服务有限公司
印　　刷	杭州钱江彩色印务有限公司
开　　本	880mm × 1230mm　1/32
印　　张	5.375
字　　数	90千
版 印 次	2022年3月第1版　2022年3月第1次印刷
书　　号	ISBN 978-7-308-22029-3
定　　价	48.00元

版权所有　翻印必究　印装差错　负责调换
浙江大学出版社市场运营中心联系方式：（0571）88925591；http://zjdxcbs.tmall.com

谨以此书献给我的家人，我丈夫达米安为我提供了不限量的茶水，了不起的狗狗威利斯为我提供了好摸的小肚肚，感谢他们无条件的支持。

序言 PREFACE

你感觉到了那么多,却仍继续前行。

我曾和几名心理医生联合执业,八年转瞬而过,到了离别之时,我静坐在房间一角,眼里蓄满了泪水,心里充满了感激。此后,我会成为一名全职的心理咨询师,我的同事也纷纷表达了他们的祝福。我的小诊所坐落在纽约市曼哈顿中城的麦迪逊大道上,这个诊所就像是繁华都市中的小小绿洲,治愈着来到这里寻求帮助的人们。诊所里沿袭着一个暖心的仪式,每当有成员进入下一个人生阶段时,他们都会得到大家或口头或书面的鼓励和支持。

我很早之前就想扩大诊所规模,但我一直害怕走出舒适区。我之所以下定决心走出这一步,一是得益于我的导师玛丽的支持和鼓励,二是诊所旁边施工的酒店。冥冥之中,从早到晚的电钻声似乎带来了宇宙的旨意,提醒我离开舒适区。

大家也给我办了一场小仪式,一起回忆过去时,一位同事说:"你感受到了那么多,却仍继续前行。"我注意到我的身体突然僵了一下,表情瞬间变得不自然,一种愤怒的感觉从我的胸口腾腾升起。我感受到了那么多,却仍继续前行?虽然我知道这位同事的本意是想表达赞美,但这句话却刺痛了我,也让我很困惑。我的感受是多是少有什么问题吗?我可以"感受到那么多",但精神没出问题,很令人惊讶吗?难道我应该用崩溃来表达悲伤、愤怒和焦虑吗?

我迅速萌生的愤怒意味着什么?为什么当有人提到我的敏感性时,我就会条件反射般地想保护自己?

几年前,我就知道我属于高敏感人群(HSP),我还曾在诊所里开展了高敏感人群培训。我当时不确定这种培训是否有意义,但当我带着随时闪现的烦躁和愤怒坐在那里时,我意识到敏感为何如此容易遭人误解,也意识到了我作为心理咨询师的使命。我要帮助高敏感人群重新认识自己,克服创伤,迎接挑战,挖掘闪光点。现在回过头来想想,我的同事说得对,我可以感受到那么多,但仍可以继续前行。那么,你,我亲爱的高敏感人士,也一定可以。

序 言

我现在意识到，此前的培训并没有完全展现出高敏感人群的优点、能力和价值。现在的我比以往任何时候都更了解高敏感人群的优点，因为在我创作这本书的时候，新冠疫情正在世界各地肆虐。

在疫情明晰化之前，我就已经感受到了周遭的焦虑；在我不得不离开办公室，开始网上办公之时，我感受到了强烈的恐慌。我感受到了很多，但我还在继续感受着。我藏起了自己的恐惧、悲伤和难过，感受着我爱的人和客户们的感受。当我和邻居在小区里擦肩而过时，我感受到了他们眼里的悲伤，我们只能恐慌地躲在家里，而疫情不知何时才能结束。

我还想象着你读到这些文字时的情绪。

我们都感受着，但是我们仍然继续前行。

这本书不仅想为你提供高敏感相关的科普、资源和应对策略，更想让你成为你自己。我向你保证，你没有任何问题。你无须被塑造，被治疗，被改变。事实上，你需要的不过是真实的生活。欢迎你和我一起开启这趟自愈之旅。

目录
CONTENTS

001　阅读指南

003　第一章　高敏感人群

045　第二章　高频生活：日常生活

063　第三章　真实的高敏感人群：社交场合

083　第四章　敞开心扉的生活：关系

111　第五章　寻找"心流"：工作和天职

129　第六章　呵护和成长：照顾

163　致谢

阅读指南
READING GUIDE

环境会影响高敏感人群接收信息，因此，在阅读本书之前，请进入属于你自己的空间，确保你的感官准备好接收这些对你有帮助的信息。

也许你正坐在你最喜欢的软椅上，腿上盖着一条绒毯，身边还有个毛茸茸的小伙伴。你是否需要开灯或拉上百叶窗？你是否需要打开窗户或启动风扇？你觉得舒适吗？好，我们开始吧。

这本书提供了许多可以让高敏感人群好好生活的方法。你可以按照你喜欢的顺序阅读本书，不过我也有一些建议。

本书是为那些已经确定自己属于高敏感人群的人而写的。如果你还不确定自己是否属于高敏感人群，我建议你先进行 HSP 自测，相关的测试可以在网站 HSPerson.com 上找到，也可见于伊莱恩·阿伦（Elaine Aron）的书中。

如果你最近才发现自己属于高敏感人群，请阅读第一章，这章介绍了 HSP 领域的重要研究。

如果你正被工作、自我关怀或家庭关系等问题困扰，请直接跳到相应的章节。如果你有创伤史，请做一下第一章末尾的测试；如果你正在接受心理治疗，请和你的心理医生分享你的测试结果。大多数高敏感的人都有创伤史，这个小测试可以帮你区分创伤症状和高敏感人群的特质，引导你过上真实的生活。

我建议你在尝试本书所提供的方法之前，先练习第一章末尾列出的敏感核心技能。根据我的临床经验，这些技能可以为高敏感人群注入活力。

我在本书中分享了一些客户的故事和经历。虽然经过许可，但为了保护他们的隐私，我都使用了化名。

练习本书中的方法时，你要对自己有同情心，创造你想要的生活需要时间和耐心，在这段旅程中对自己好一点。

01

第一章
高敏感人群

理解和定义高敏感人群并非易事，尤其是在信息爆炸和虚假信息泛滥的双重挑战下。本章将深入探讨身为高敏感人群意味着什么，指出高敏感人群的个体差异。此外，我们也将描述高敏感人群的心理感受，阐述童年和生活经历对其自我认知和世界观的影响。最后，我们将讨论童年创伤对高敏感人群的影响，指出创伤症状与高敏感人群特质的相似性。

身为高敏感人群意味着什么?

研究发现,HSP(Highly Sensitive Person,即高敏感人群)在人群中的比例是 15%～20%。高敏感人群神经系统精密,大脑运作独特,在生活、爱、工作和与世界的联系等方面与大多数人不同。我们能够注意到环境中的微妙变化,对灯光、声音、气味、味道和其他刺激的反应强烈。我们本能地竖起耳朵,睁大眼睛,悬着的心时刻准备着接收信号。

此外,高敏感人群还有与生俱来的同理心。有些高敏感人士把自己定义为移情者。我们是能行走、会说话的情绪海绵。一些高敏感人士情绪起伏更为强烈,笑得更大声,哭得更伤心。高敏感人群常常被其他人误解,被贴上"太情绪化"的标签。在一些不允许展现脆弱或充分表达情感的文化中,这些标签则更为常见。

我们有丰富的内心世界。我们常常自省和审视世界。我们常被所见所读感动，有时是新闻上一个悲伤的故事，有时是一部令人心碎的电影，有时是社交媒体上充满悲伤的帖子。不少高敏感人士认为这个世界缺乏同情心、同理心和理解。

高敏感人群十分反感将快乐建立在人类的痛苦上。因此，我们不会排队观看血腥的恐怖电影，不会看僵尸题材的电视节目。我们很难向朋友或家人解释清楚为什么我们不看《权力的游戏》（*Game of Thrones*）。

高敏感是与生俱来的，代代相传，不分性别。这种敏感既不是过往经历或代际创伤的后果，也绝不是一种疾病，无须改变，不必治疗。

有些创伤症状可能和高敏感人群的特质相似（比如心理上的不堪重负或生理上的过度刺激），所以高敏感人群必须学会区分先天敏感和后天创伤。在临床工作中，我接触了不少高敏感人士，我发现他们一旦能够治愈过去的创伤，安抚或调节神经系统，对于曾经不堪重负或过度刺激的事情，就会变得可以从容应对。在调节神经系统的过程中，高敏感人群可以更好地发挥优势，展现其敏感的超能力。本章的后半部分，我将用一个问题清单来区分哪些是高敏感人群特质，哪些是创伤症状。

科学家研究了100多种拥有高敏感神经系统的动物，包括灵长类动物、鸟类和果蝇。研究表明，这些动物对环境的反应过程是停下来—思考刺激—做出反应。这些敏感动物喜欢"一次做对"。高度敏感的感官帮助他们外出觅食、远离天敌、寻找配偶，增加了它们的存活概率。

高敏感人群的敏感度可能是其优势，他们更容易从积极的环境或经历中获益。如果环境适宜，高敏感的孩子可以充分发挥潜力，学习优异，人情练达。

但与此同时，高敏感人群也更容易受到不利环境或经历的影响。童年经历或生活中的创伤带来的负面影响则更为显著。

高敏感人群感官敏锐，有四个典型特征，可以缩写为"DOES"：

D：深度加工信息（Depth of Processing），即深度吸收感官信息，敏锐观察周围环境

O：易受到过度刺激（Overstimulation），即身心容易感到不堪重负

E：情绪反应强烈或移情（Emotional Responsiveness or Empathy），即对刺激反应强烈，或能够感同身受

S：感知微妙刺激（Subtle Stimuli Awareness），即能够发现自我或环境的细微差别

深度加工信息

对HSP者的脑扫描研究显示，他们的神经活动与非HSP者有所差异：高敏感人群的脑岛比非高敏感人群更为活跃，而脑岛是控制感受和意识的区域。高敏感人群的大脑会先思考，后行动。就像上文提到的动物一样，我们习惯在收集所有相关信息后，三思而后行。在现代社会，这种习惯好比购物前研究用户评价。谁愿意再去快递点折腾一趟？绝对不是高敏感人群！

易受到过度刺激

高敏感人群的神经系统会接收到更多的感官信息,所以也易受到过度刺激。我既属于高敏感人群,又从事相关工作,我的经验告诉我,过度刺激通常分为三类。

社交类:这类刺激包括人群、喧闹的聚会等社交场合。这类刺激过后,高敏感人群有躲起来、休息一下或打个盹儿的需要或愿望。

环境类:这类刺激包括噪声、灯光、令人发痒的纺织品、强烈的气味等。环境发生变化时,高敏感人群更易感到难以承受。气压、湿度、月亮、行星系统等的变化,都会对我们的情绪和身体产生影响。

情绪类:这类刺激包括和他人发生激烈争吵,甚至只是目睹他人争吵。

情感反应强烈或移情

我认为,情绪反应能力和深刻的同理心不仅是高敏感人群的重要标志,也是我们工作和生活中的独特优势。我们可以理解他人的处境，甚至靠文字和他人产生共鸣。脑成像可以为这个论点提供证据，高敏感人群的镜像神经元较非高敏感人群更为活跃，而这些神经元正好控制着同理心和情绪。

感知微妙刺激

高敏感人群是天生的侦探，我们能够注意到他人容易错过的细枝末节，如肢体语言、面部表情和环境中的细微变化。高敏感人群依靠敏锐的感官知道如何及何时做出调整，这种天赋让他们成为出色的治疗师、艺术家、设计师、作家和音乐家。他们凭直觉就可以找到正确的音符，调出合适的颜色，或不动声色地活跃气氛。

深入认识高敏感的自我：
内向者、外向者和移情者

通常而言，内向者不需要通过他人获得快乐和能量，他们愿意享受独处的时光，但偶尔也喜欢社交。外向者则需要通过他人获得快乐和能量。无论内向者，还是外向者，只要能感受到他人的情绪，都可以被称为移情者。伊莱恩·阿伦在的《天生敏感》(*The Highly Sensitive Person*)一书中指出，有70%的高敏感人士是内向者（但并非所有内向者都属于高敏感人群或移情者）。许多人认为，高敏感人士不可能是外向者，而事实上，大约有30%的高敏感人士是外向者！同时，许多移情者也可能是高度敏感的人。

然而，以上几者的分类在相关文献中常常混乱且相互矛盾。杰奎琳·斯特里克兰德（Jacquelyn Strickland）是一名专业心理咨询师、教练和HSP研究者，她试图厘清这几者的关系。她研究的主要资料是苏珊·凯恩（Susan Cain）的畅销书《安静：内向性格的竞争力》（*Quiet: The Power of Introverts in a World That Can't Stop Talking*）。斯特里克兰德同意凯恩对高敏感内向者的定义，即"思考的人"，但她不赞同其对高敏感外向者的定义，即"行动的人"。她指出，高敏感外向者实际上是思考和行动的结合体。

朱迪斯·欧洛芙（Judith Orloff）博士的书《不为所动：精神科医生写给高敏感人群的处世建议》（*The Empath's Survival Guide: Life Strategies for Sensitive People*）研究了高敏感人群和移情者的关系。她发现，无论是否属于移情者，高敏感人群都会留心周围的人，不同之处在于移情者会映射他人的经历，而非移情者不会如此。移情者的身心紧密相连，情绪强烈时，身体可能会患上自身免疫性疾病、慢性疲劳、抑郁症和焦虑症。

标签固然可以起到下定义和立标准的作用，但其实也是一种限制。有些人可能认为被贴有高敏感标签的人都是一样的，其实不然，人人皆独特，高敏感个体皆不同。

对高敏感人群而言，明确高敏感的定义和确认自己高敏感人群的身份固然重要，但更重要的是不要执着于定义，而要意识到自己的独特之处，无论你是内向者、外向者、移情者，还是这几者的多彩组合，都要学会尊重和照顾高敏感的自我。

格格不入：敏感者在不敏感的世界

去年春季的一个雨天，我的客户卡尔迟到了 10 分钟。他是位新客户，只进行了三四个疗程，他来咨询是因为家人、上级和前合伙人都觉得他"太过情绪化"或"想太多"。那天，他满脸泪痕地冲进我的办公室，显然受到了过度刺激。一进门，他就躺上了沙发（我不是弗洛伊德派，很少用这种治疗方法），开始哭泣。

"这一天可太糟了。"卡尔一张又一张地抽着纸巾，在抽纸的间隙，他抽泣着说。"昨晚，我和我太太吵架了，一觉醒来，我感觉反而更累了，就像经历了情绪上的宿醉。后来，我试着静下心来读早间报纸，但毫无帮助。政府太可怕了，又残忍又无情。"卡尔停了一会儿，深吸一口气，继续说。

第一章　高敏感人群

"上班的路上也不顺利。下雨本来已经够讨厌的了,那些行人还不会好好走路。我的眼球差点被他们手中的伞戳出来,一次就算了,整整两次!我控制不住自己,我好想大声喊出来。我知道没人想故意伤害我,但我就是太难受了。为什么每年的这个时候都会下这么多雨呢?难道不应该下雪吗?为什么没人把气候变化当回事儿呢?"

卡尔继续说,他害怕回到他的开放式办公室。他想逃跑,想躲起来,想哭。他想,他的恐惧和害怕或许和即将到来的家庭聚会有关。他觉得他家的家庭聚会太长、太吵、太频繁了。他想知道自己怎么了,为什么其他人都能游刃有余地面对生活,为什么他不能振作起来,为什么偏偏是他这么敏感?

卡尔的故事很好地勾勒出高敏感人群眼中具有挑战性的一天。高敏感人群的神经系统十分精细,因此,我们以更深刻、更强烈的方式体验着这个世界,我们经常为没有达到家庭和社会的期望而感到羞耻和自责,我们的需求并不总是得到回应或尊重。

临床工作中,我发现许多男性都有愤怒管理、药物滥用、抑郁症和焦虑症方面的问题。经过几个疗程，许多人慢慢了解到他们是高敏感人群。据我的观察，也许是社会观念的原因，男性似乎比女性更难表达和调节自己的情绪。经历过童年创伤的人也是如此。

许多高敏感的人都能对卡尔的经历感同身受。我们需要将心中的敏感转化成脚下的行动和眼前的方向，帮助我们度过糟糕的日子，舒缓敏感的神经，处理纤细的感受，然后继续前行。

最近一项研究发现，高敏感人群虽然一直在与高敏感的天性做斗争，但却较少受到文化规范和压力的影响。我们不会盲目接受文化强加的东西。2019年，伊莱恩·阿伦在高敏感咨询师大会上曾说："尽管文化背景不尽相同，但高敏感人群总可以看到事情的本质！"

我工作中遇到的大多数高敏感人士都坦言自己有社交障碍，与家人、朋友和恋人相处得也不尽如人意。有些人在择业时感到迷茫，有些人跟不上工作的节奏，满足不了上司的要求。

高敏感人群常受到环境、社交或情绪方面的过度刺激。我

第一章　高敏感人群

个人就深有体会。我生活在大都市纽约，只要坐上地铁，我就要做好迎接人、景象、声音和气味"连番轰炸"的准备，这对许多高度敏感的人来说都堪称折磨。

高敏感人群在古代和现代社会中都发挥了重要作用。研究表明，世界需要高敏感人群，需要我们身体、情感和精神方面的生存技能。我们的反应系统在狩猎采集和寻找配偶方面独具优势。我们知道寻找捷径，知道转换思路，知道如何创造美，知道如何寻求平衡。精细的神经系统让我们可以接收更多的感官信息，注意到他人容易忽略的细枝末节。

此外，许多高度敏感的人扮演着"心灵导师"的角色。观察入微，直觉精准，创意十足，这些特质让我们成为他人寻求建议和情感支持的对象。

后来，卡尔成功地扭转了糟糕的一天。在继续咨询前，我们一起做了一个舒缓神经的基础练习。练习中，卡尔开始将所有的注意力集中在呼吸上，慢慢放松下来。几分钟后，他整理好情绪，开始计划晚上的活动了。

卡尔决定先尽可能心平气和地度过他的工作日，然后回家和妻子好好谈一谈。他还打算给他的兄弟姐妹打电话，聊聊即将到来的家庭聚会，再谈谈手中的一个工作机会，如果跳槽成功，他就能拥有独立的办公室了。当卡尔能够开始处理自己的感受时，他的眼泪干了，神态放松了，面部表情柔和了。

卡尔准备起身离开我的办公室前，他引用《南方公园》(*South Park*)中的台词给我讲了一个"老爸式冷笑话"，这是我们每次治疗结束时的"小仪式"。（治疗有多种形式！）出门的那一刻，他如释重负，他感觉自己强大了、有能力了，最重要的是，他感觉他是他自己。

我希望这本书可以帮你发现并尊重你的HSP特质，勇敢面对生活中的困难和挑战。这些努力终将帮你渡过难关，就像卡尔一样。

罗杰斯先生的智慧：同情过去，怜悯现在

弗雷德·罗杰斯（Fred Rogers）在纪录片《与我为邻》（*Won't You Be My Neighbor?*）中指出，儿童和成人都有情绪，懂得如何处理情绪很重要，尤其是处理那些敏感不适的情绪。他的同情心和同理心让我确信，他也属于高敏感人群。

许多高敏感的人，包括我自己，都觉得自己是周围人的负担，因为我们经常得到的评价是反应太大或情绪太多。我的一些客户学会了压抑感受，有的是为了在情感上得以生存，有的是因为他们被教导说：充分表达情感、思想、忧虑或渴望是奇怪的、错误的或危险的。

一些 HSP 儿童对自己与自然、植物或动物的深刻羁绊感到吃惊，对自己对于学校时间表和天气变化的强烈反应感到困惑。我的客户汤姆说：他曾经不敢表达对家里宠物狗的爱，因为害怕哥哥会觉得他软弱愚蠢。另一位客户有希子说，每个学期结束时，她都会感到悲伤，因为她与同龄人一起学习玩耍的愉快时光结束了。

许多高敏感的孩子都感到自卑，觉得自己有问题，觉得自己应该能"承受更多"。小时候，我有几次在朋友家过夜感到恐惧，或者和朋友一起看电影感到悲伤，但我把这些情绪都偷偷地藏了起来。我清楚地记得当时的那些细节，我想哭又不敢哭，因为我很怕别人觉得我奇怪。

敏感天性不一定导致童年创伤，但童年时期的畸形关系和不健康的依恋关系等容易给高敏感儿童造成创伤。如果有幸拥有温柔细致的父母，高敏感儿童会拥有无忧无虑的童年，成长为心态平和的成年人。但如果没有这种幸运，父母的忽视和虐待会给高敏感儿童造成更大的伤害。

高敏感人群的童年创伤能否被治愈？遭遇过童年创伤的高

第一章　高敏感人群

敏感人群还能拥有正常生活吗？患有 PTSD（创伤后应激障碍）、抑郁症和焦虑症的人能否学会控制自己，充分享受生活？

我曾治愈自己，也曾治愈他人，这十余年的经验让我可以满怀信心地告诉你：能！只要我们共同努力，高敏感人群绝对可以治愈过去，拥抱现在。高敏感人群的感知力和高情商则可以让疗伤之旅事半功倍。我们给予他人的同理心、同情心和理解力，也可以转过头来成为我们自己的力量（有时需要一点帮助和支持），我们将从爱和陪伴中受益良多。

特质还是创伤？

对我的客户而言，最有效的一个练习是区分创伤症状和高敏感特质的差异。这两者共有的表现是焦虑、社交障碍，以及过度刺激（也称过度紧张）。

我们可以分析周围环境和社交习惯，发现创伤症状，当然，这些症状可能并不明显，也可能和高敏感特质相重合。区分创伤症状和高敏感特质，可以让我们在拥抱敏感天性的同时，有意识地调整与世界和他人沟通的方式。

下面这份问卷可以帮助你区分创伤症状和高敏感特质。我列出了常见的高敏感特质和创伤症状。这些问题的答案没有正误之分，只是对你的独特构成的温和探索。这些问题是探索创伤史的起点，看看你是否有一些自己没有意识到的创伤症状。许多高敏感的人和其他人一样，有时会意识不到自己曾经历过创伤，也意识不到自己出现了创伤症状。识别和处理创伤症状，尊重和发展高敏感特质，将会对这场自愈之旅很有帮助。

高敏感特质：深度加工信息，易受到过度刺激，情绪反应强烈或移情，感知微妙刺激，与艺术和自然紧密相连，内心世界丰富，身心联系紧密。

创伤症状：身心失联，疑神疑鬼，易受到过度刺激，时刻处于戒备状态，疏离，冷漠，无助，麻木，僵硬。

1. 当你走进一个房间时，你是否会下意识地扫视一下，评估一下这个房间安全舒适的程度？[比如：寻找有潜在危险的人或情况，空间质量如何（太热/太冷/太拥挤/太空旷）。]

2. 你是否曾因为他人而感到压力，或会对他人察言观色？

3. 你是否曾对刚认识的人有强烈的反应（积极或消极）？

4. 你是否觉得高敏感特质会妨碍你体验那些看起来有趣刺激的事情？

5. 你是否曾有过这样的日子：心神俱疲，无力应对，只想找个洞钻进去，甚至想消失不见？

6. 你是否经历过重大创伤（死别、失去、分手、自然灾害）？

7. 如果第六题的答案为是，那么在创伤发生后，你是否发觉你对自己的情绪和周围的环境更加敏感？

8. 你是否对医生办公室或医院很敏感（视觉、气味等）？当你不得不去看医生时，你是否会感到无措？

9. 你是否觉得你的父母不理解你的敏感天性？

10. 你是否对你的"真实自我"感到失望？

11. 你是否觉得你的情绪在成长的过程中受到限制？（例如，你想要表现出愤怒，但不能表现出恐惧；你可以表现出高兴，但不能太过高兴。）

12. 你是否曾经因为害怕被亲人嘲笑、惩罚或羞辱，隐藏自己对某件事的情绪反应？

13. 你是否曾担心自己本质上是个"坏人"或"无用的人"，或者担心人们知道了"真实的你"，就不再喜欢你？

14. 在生活或工作中，是否有人利用你的情绪反应或敏感来贬低或压迫你？

15. 你是否擅长与"难相处"的人打交道，因为你能读懂他们，了解他们的需求？

16. 你是否曾因为工作、家庭或社交场合中的"错误"感到痛苦甚至恐惧？

17. 你是否曾因饥饿或身体上的不适而感到不安甚至焦虑？

18. 你是否觉得无力满足自己的需求？

19. 你是否有过睡眠问题？

20. 你是否曾在进入陌生环境时，担心自己的敏感需求得不到满足？

21. 你是否总是准备充分？（钱包、手袋或行李箱里装满了"以防万一"的物品。）

22. 你是否有自我安慰的习惯或癖好（例如吸烟、美食、购物、性）？

23. 你的家族是否有源于家庭内部或社会的代际创伤？（代际创伤是世代相传的，可能包括情感或身体虐待、家人突然过世、战争、自然灾害，体现在行为方式、依恋风格、宗教信仰。表观遗传学研究发现，代际创伤甚至体现在 DNA 中。）

24. 回避是你应对高敏感的策略吗？

如果你的大多数答案是"是"，特别是第 1、6、8、10、11、12、13、15、16、18、22、23 和 24 题，你可能出现了创伤症状。我将在接下来的章节介绍一些方法和策略帮助你应对创伤。如果你正在接受心理治疗，你可以将这些信息与你的心理咨询师分享。

高敏感人群的核心技能

本节将介绍高敏感人群的核心技能，这些技能和练习涉及高敏感生活的各个方面，和本书中的策略相辅相成。

每个人都有一扇对环境和情绪刺激的"容纳之窗"。这个概念最初由心理咨询师丹尼尔·西格尔（Daniel Siegel）博士于 1999 年提出，具体而言，人类的忍耐是有限度的，在限度以内，我们能够控制身体和情绪反应，正确感受和回应我们的身心需求。

高敏感人群的神经系统可以接收到更多的感官信息，对负面或创伤症状也有更强烈的反应。因此，我们的神经系统更容易感到"超载"，一旦超过"容纳之窗"的限度，就会因此受到过度的刺激。

人类对过度刺激的反应有两种：一是感到焦虑、愤怒或不知所措，在战斗还是逃跑间纠结；二是感到麻木、疏离或昏昏沉沉，变得僵硬。

人类产生这些反应时，靠的是生存本能，而不是大脑中负责思考、推理和逻辑的前额皮层。这些反应本是为了帮助我们应对紧急危险，也可能在我们受到过度刺激或被勾起过去的创伤时，启动警报。

无论引起过度刺激的诱因是什么，你都可以通过学习本书介绍的高敏感核心技能，发现你的"容纳之窗"，进一步了解你的高敏感本性，舒缓你的高敏感神经系统。通过这些练习，你就会发现你的敏感超能力！

自我支持 / 自我养育

自我支持是高敏感人群的重要技能。外界常常并不了解我们的敏感需求和本性，所以我们有时不得不要求自己或他人，对我们所处的环境或所拥有的关系做出调整。自我支持就是自我养育。

如果父母能够照顾我们的高敏感需求，我们会健康成长；如果父母不能照顾我们的高敏感需求，我们就会带着创伤长大。我们越了解自己生活和成长所需的东西，就越能传达我们的需求。我们可以成为我们不曾拥有的细心的父母。做到这点其实不难，只要大胆表达，提出要求！

技能组合

- 要求让你感到舒适、安全和踏实的东西。
- 接受让你感到舒适、安全和踏实的东西。
- 培养对自己的好奇心。问问自己：我今天怎么样？我感觉如何？我的身体感觉如何？我的灵魂感觉如何？
- 练习自我同情。不要逞强，相信自己会越来越好。
- 留意你和你自己的对话。问问自己：我是怎么与自己对话的？是宽容的还是批判的？

练习

把需要大声说出来！想象一下，你坐上了一辆优步（Uber）或来福车（Lyft），收音机里放着吵闹的脱口秀节目，车厢内十分闷热。你感受到你的身体对温度和声音产生了反应。你觉得不舒服，语气婉转地让司机调小收音机的音量，他一口答应。你打开车窗，让冷风吹了进来。然后，你花了一些时间自我调整，又检查了一遍自己的感受，你感觉到自己现在舒服多了。你成功了！

细心的父母会按照孩子的需求调整环境，你也可以这么做。

认识过度刺激

当我们受到过度刺激或被情绪淹没时，可能一时失去高敏感的超能力和天赋。过度刺激并不只是发生在消极的情况下，积极的刺激也会让高敏感的人感到不堪重负。认识过度刺激是重要的高敏感核心技能，有助于我们发现真实的自我，认清真实的喜好。

许多高度敏感的人，以及大多数普通人，都不会观察自己的身体和情感状态，以下这套技能组合可能对你有所帮助。

技能组合

●观察情感状态。情感受到过度刺激是什么感觉？快乐？悲伤？紧张？愤怒？你在想些什么？

●观察身体状态。身体受到过度刺激是什么感觉？紧绷？刺痛？耳鸣？血气翻涌？你的身体有什么感觉？

●注意提示。情感和身体受到过度刺激有哪些提示？对于这些提示，你会立刻察觉还是视而不见？

情绪受到过度刺激的常见提示有：大脑倍速播放引发焦虑的情景，一遍遍"反刍"；不停想象"最坏"的结果；愤怒或悲伤的自言自语。

身体受到过度刺激的常见提示有：脸部、颈部、肩部或腹部变得僵硬；拳头紧握，下巴绷紧；体内能量过剩，烦躁不安，无法休息或静坐；胃痉挛或恶心；心跳加快；呼吸短促；身体发冷或发热；感觉身体"卡住"或被"冻住"了。

The HIGHLY SENSITIVE PERSON's TOOLKIT 玻璃心也没什么不好：
高敏感人群的不受伤练习

练习

你来到一间拥挤的杂货店买东西，在店里走动时，你开始观察你的身心状态。你的脑海中充满了愤怒、紧张和不知所措的想法。"店里为什么这么多人？有些人为什么不能留在家里？如果店里没有我需要的东西该怎么办？为什么会有这么多选择？为什么有这么多种麦片？我该选哪个？"然后，你开始注意你身体的感觉。你的手紧紧握住篮子的把手，手心开始冒汗，下巴绷紧，感觉有点恶心，鼻尖也开始冒汗。你突然觉得店里闷热难忍。你想要逃离这里，立刻！马上！

你注意到自己受到了过度刺激，接下来，你需要用本章后面的技巧进行自我安抚。

下面，我要讲一个积极的过度刺激的例子。2016年，我参加了纽约市举行的妇女大游行，当时正值美国总统就职典礼前夕。我和朋友们到达市中心第二大道时，到处都是粉红色的帽子、巧妙的标语和群情激昂的口号，这一幕让我突然说不出话来，身体也僵住了。这个活动让人感到敬畏，能够成为参与者也让我感到很幸运，但我受到了过度的刺激。我几乎无法移动或说话，只能不停地环顾四周，大脑控制不了身体，双眼不自觉地睁大，胸口发闷，脑子里一片混乱。在本章后面的部分，我会告诉你我当时是如何调节的。

认识平静可控的神经系统

了解平静可控的神经系统，有助于自我调整情绪，更快恢复平静。人类清楚地知道自己什么时候感觉"不好"，却常常忽视了自己什么时候感觉"好"。

技能组合

● 当身心平静可控时，停下来，记住这种感觉。这时候的你可以进行深层次的思考。

● 回忆一下你感觉"最好"的时候。这段记忆将有助于你集中注意力。

● 专注当下。注意你的呼吸，把思想集中在现在发生的事情上。当你的神经系统平静可控时，注意此时大脑给的提示。

> **平静可控的神经系统的常见提示**
>
> 情绪方面：即使在有压力或紧张的情况下，也能冷静思考，大脑不是一片空白；考虑周全，偶有巧思；宽容过错，允许"不完美"或"不好"的想法；三思而后行。
>
> 身体方面：身体放松；举止优雅；体感舒适，体温正常。

练习：训练平静可控的神经系统

在"美好"的一天结束时（所谓美好，就是你在这一天中感到平静和可控），花几分钟"扫描"一下自己的身体，可以从头到脚，也可以从脚到头，留意身体的感觉。做一个基本的"盘点"，不用判断，只是看看那里有什么。

你在这一刻有什么感觉？哪个部位感觉放松？各个部位的温度如何？扫描全身后，花点时间思考你的体验。在日记、手机上或用其他方式记录下这些观察结果。

学会安抚：配合体内的"自洁烤箱"

是的，高敏感人群的体内有一个"自洁烤箱"。高敏感人群会感到过度紧张，但我们的神经系统可以自我调节，就像"自洁烤箱"一样。"自洁"是一种可学习的技能，首先要注意到我们何时感到过度刺激（见"认识过度刺激"）。这时，我们要按下自洁按钮，进入平静舒缓模式。对于高敏感人群来说，知道何时及如何进入这种模式十分重要。如果我们正面临着创伤激发出的过度觉醒（战斗或逃跑）或觉醒不足（冻结），自洁就更重要了。

技能组合

- 当受到过度刺激时，尽量保持身心平静，"脚踏实地"。
- 调节身心。

练习

调节神经系统的方法有很多（例如冥想、深呼吸、体感疗法），但最简单有效的方法是"脚踏实地"。高敏感的神经系统与地球重力有着深刻的联系，我们可以利用这种联系舒缓神经系统。受到过度刺激时，你可以试着与大地接触，比如坐下或躺下。如果你能找到一些自然的东西，坐在上面或躺在上面也很好！如果你能脱掉鞋子，那就更好了。当你开始与大地接触时，用腹部调节呼吸，直到感觉得到缓解。如果你暂时不能坐下或躺下，那就把意识集中到脚下，心中想着"脚踏实地"的感觉。

还记得我在妇女游行中的经历吗？我先是注意到大脑和身体给我的提示：我承受不了了，然后我走到一边，开始调节自己。我一边光脚站在地面上，一边做腹式深呼吸。我告诉朋友我很紧张，和她分享我的感受。一番调整过后，我做好了参加游行的准备。

认识情绪：命名、允许和处理感受

高敏感人群接触到的情绪更多，也更深刻，所以我们可以坦陈我们的感受。我们在承认自己的感觉后，可以用一些技巧安抚自己，与自己的感觉共处。

技能组合

- 留意自己的感觉，不做判断。
- 为处理这些感觉留下空间。
- 承认你有权拥有所有的感觉，无论"好""坏"。
- 记住感觉只是感觉。你不一定要采取行动，顺其自然。

练习

在我发现自己是一个高敏感的人后不久,我参加了一个以创伤为主题的培训,其中有一个学员分享的环节,大家在视频中说出自己创伤的由来和治愈的过程。这个环节让我深受触动,在我想哭又忍住的时候,我感觉到喉咙里那种熟悉的哽咽。我深吸一口气,环顾了一下四周的心理专家们,我想,如果我流几滴眼泪,其实也没有什么不好。然后,我哭了。我放任眼泪在脸上自由流淌。哭完后,我吸了吸鼻子,擦干眼泪,长舒了一口气。我允许自己感受自己的感受,也允许自己表达出自己的感受。那种郁积多年的不适终于消失了。我哭不是因为我软弱或我输了,我哭是因为我被我看到的东西深深打动了。这有何不可?

尊重真理,回应正义

高敏感人群的重要标志之一是内心深处对真理和正义的渴望。择业时,高敏感人群可以参考这一点。

技能组合

- 尊重世界对真理和正义的需要。

- 尊重高敏感人群"看到真相"的天赋。我们是煤矿里的金丝雀!
- 与他人交流你对真理和正义的需求时,要尊重对方。
- 当别人不理解或看不到你所看到的东西时,你要宽慰自己。
- 如有需要,为自己或所在群体的真理和正义采取行动。

练习

你可以在工作和生活中练习这些技能。工作上,我们可以选择能帮助他人、让世界变得更好的职业,如心理咨询师、社会活动家或志愿者。生活中,我们可以在人际关系中说真话,即使忠言可能逆耳。例如,我的一个客户不想她的女朋友酗酒,但却不敢告诉她,怕她生气,和她分手。后来,她鼓足勇气,把她的真实感受告诉她的伴侣。此举不仅改善了女友的生活习惯,也改善了她们的关系。

尊重快乐，发展创造力

高敏感人群要发掘带来快乐、创造力和活力的东西，并与之建立联系。这些东西可以滋养和安抚高敏感人群，对我们的敏感生命力至关重要。

很多高敏感的孩子曾在一些好心人的劝阻下，熄灭了快乐和创造力的火花。当我们高度敏感的自我感到兴奋时，好心人告诉我们"冷静下来"或"保持安静"；当我们挥洒了太多的"创造力"（例如涂色涂到线外）时，好心人让我们涂到线内。

技能组合

- 识别"心流"。在艺术创作时，或在大自然中，注意自己的心流。
- 观察自己在兴奋时的身心状态。
- 允许自己表达快乐。

练习

当我打下这段文字时，我就在进行这项练习。我的手指在键盘上翻飞，我的想法在脑海中碰撞。我把身体的感觉与脑中的想法相连，吸气，我很享受这种字符跳动的感觉，呼气，就这样重复下去。

我们还可以在其他地方练习，比如一场你喜欢的音乐会。听音乐时，你要记住音符进入耳朵、流经身体的感觉。你是否沉浸在音乐的喜悦中，开怀大笑，放声尖叫？也许你会这样！好好享受吧！

设定容忍界限

这个技能对维系高敏感人群的人际关系至关重要。在工作和生活中设定合理的界限，不仅可以调整人际关系期望，还可以预防有害或畸形的关系。具体方法将在以后的章节中讨论。一般来说，如果不设界限，我们就要做好面对尴尬局面的准备。

技能组合

- 工作是工作，生活是生活。
- 界限被破坏时要保持警惕。
- 无论你是否属于高敏感人群，你都有权利设置界限。永远都有！

- 存在即合理，每个界限都有其存在的道理。界限是人际关系的规则，可以保护人际关系。

练习

如果亲人、同事甚至陌生人让我们感到不适，我们可以使用这个技能。例如，我的客户玛丽拉有两个同事，她们总是到她的办公桌前找她聊天或征求意见。玛丽拉虽然感到受宠若惊，但也发现，她的同事需要得到持续的关注，这种关注会消耗她的情绪，影响她的工作。心理咨询时，她意识到她需要设定一个界限。玛丽拉利用她的高敏感天赋，想到了该如何表达诉求。她用一种温和而坚定的口吻对这两个同事说：我有时忙起来可能顾不上和你们说话，等我有空了我去找你们好不好？她的同事答应了她的请求，她也能够继续工作了。

重构困境

重构是对某个情境、事件、思想或观点的重新评价。当我们在某个情境中感到无助或失去对环境的控制力时，这个方法可能会有帮助。我们有时无法按照个人喜好改造某个情况或某个人，这时候，重构、重新审视或重新命名这个情境，可以增

The HIGHLY
SENSITIVE PERSON's TOOLKIT
玻璃心也没什么不好：
高敏感人群的不受伤练习

加不舒服的环境或关系中的"容纳之窗"。这个技能在处理感官上的过度刺激（例如灯光、声音、气味）时特别有用。

技能组合

- 重新审视困境，特别是失控的时候。
- 从另一个角度来看待困境。
- 轻松一点，在困境中寻找乐趣。

练习

纽约地铁是练习重构的好地方，因为这里的情况常常不受我们控制。这些整天飞驰在城市地下的车厢里充满了各种感官刺激。虽然有时你可以选择换乘汽车或等下一班地铁，但上班迟到时，你别无选择，只能迎接超负荷的感官挑战。许多 HSP 客户以及我自己都对地铁里丰富的气味非常敏感。一个匆忙的早晨，我跳上了 7 号线，当车门在我身后合上的那一刻，一股气味迎面扑来，闻起来像是腐败垃圾和腐烂热狗的混合味道。车厢里挤满了人，而我又已经迟到了，我只能选择接受这个挑战。我堵住鼻子，用围巾遮住半边脸后，开始发挥 HSP 特质，发明了一个游戏，你可以跟我一起试试看。

第一章 高敏感人群

（用播音员的声音）我们来玩一个猜气味的游戏（叮叮叮……在脑海中准备好灯光和音乐）。

闻到第一个气味时，游戏开始。不要想着我们正在承受的痛苦，而是要对这种气味产生好奇。这种气味有什么故事？它从哪里来？闻起来像什么？它有 Instagram 账户吗？这种气味在这里出现了多长时间？这种气味想要干什么？

我知道听起来似乎很傻，但有时自嘲可以减少痛苦和无措，帮我们坚持到目的地。

总　结

　　高敏感人群感官敏锐，有四个主要特征：深度处理信息、易受到过度刺激、情绪反应强烈或移情、感知微妙刺激。这些特征不是诊断结论或疾病症状，而是一些人类和动物与生俱来的特质。

　　高敏感人群可能是内向者，可能是外向者，也可能是两者的混合体。人们普遍认为高敏感人群都是移情者，但事实并非如此。高敏感人群无关性别，无关性取向，也无关文化。

　　请跟我一起说：我没有任何问题。这个世界对情绪处理差异的不理解，才是问题所在。这个世界的发展需要高敏感人群。

　　要想真正开启自愈之旅，尊重敏感天性，你必须从你的过往经历入手，特别是如果你有创伤史。

　　此前所列的九项敏感核心技能可以帮我们解决情绪"超载"的问题，调节神经系统，尊重高敏感天性。

　　我希望你寻找机会练习技能组合部分。有些策略可能让你感到不适或陌生，没关系，你可以按照自己的节奏进行，不要急于求成。

　　高敏感人群天生就有治愈他人和自己的天赋。把你的天性看作是拥抱真实自我的美妙礼物吧。

02

第二章
高频生活：日常生活

当今世界节奏飞快，高敏感人群（以及许多非高敏感人士）跟不上工作和生活的节奏。这种节奏让他们整日无精打采，筋疲力尽，他们总是因此陷入深深的自责。从小到大，我们被明着暗着地教育说：我们太大惊小怪了，我们太敏感了，或者是我们做得不对。

时间的问题困扰着不少高敏感人群——准时和生活节奏。高敏感人士常常按下闹钟的延时按钮拖一会儿时间，直到鼓足勇气，才能走出房间开始新的一天。可是，许多高敏感人士才刚出家门就已经感到筋疲力尽或焦头烂额了。

有时就连一封未读的电子邮件都能成为压垮我们的稻草。手指点开 iPhone 上可爱无害的小信封的那一刻，我们就陷入了全天候实时的信息世界，被焦虑裹挟。

"紧急！""突发事件！""最后的机会！"商店发来的电邮和广告告诉我们，我们可能在几毫秒内就会错过有史以来最大的优惠！

我甚至接到过心理治疗网站和心理训练中心的相似的电邮广告，标题为："距报名截止仅剩一小时！"

本章将会探讨如何在日常生活中摸索你的最佳刺激水平，以及如何与高敏感神经系统合作。

你的最佳刺激水平：确定独特的高敏感风格

当我们接受自己的 HSP 特质后，会想要知道自己属于哪个类型的高敏感人群。接下来，我会介绍五种高敏感人群类型。你可以看看自己属于哪个类型，但请记住，你也可能是几种类型的混合。了解自己的类型就可以找到相应的敏感核心技能。

情感型：我就属于这个类型，其实大多数心理咨询师都属于这个类型。这个类型像移情者一样，不仅能深刻体会到自己的情绪和感觉，还能感受到其他人类、动物或其他生物的情绪和感觉。因此，如果我们身边的人紧张不安，我们可能会感受到这些不属于我们的情绪。这个类型也容易受到情绪的影响，常常手心出汗、心跳加速和胃部不适。

想象型：这个类型的高敏感人群最有可能成为作家、诗人、电影制片人、喜剧演员，或能够掀起艺术革命的其他职业。想象型的人喜欢生活在潜意识、幻想或梦境中（谁又能责怪他们呢），因此对日常生活的容忍度较低。

智力型：这个类型的高敏感者是善于思考的人。他们记忆力强，擅于解决问题，渴望真理，相信逻辑，当事情失去意义时，他们会对自己、他人和整个世界感到沮丧。孩童时代，他们总爱问"为什么"，直到得到满意的答案。

精神运动型：动力和活力是此类高敏感者的标志。这个类型的人喜欢刺激的体育活动，有些还是有天赋的运动员。他们对运动的热爱也体现在竞争意识上。他们不仅渴望身体方面的速度，还希望思想和语言也能加快速度，这种心直口快的特点有时会害了他们。这个类型的人在紧张时会有自我安慰的习惯，如咬指甲。

感官型：这类高敏感人群喜欢充满感官刺激的世界，这样的世界为他们提供了极端的快乐，却也带来了过度的刺激。他们喜爱音乐、艺术、食物，或其他刺激感官的东西。童年时期，他们可能有挑食、厌食等问题。成年后,他们比其他人更容易对食物和性等成瘾。这种类型的人需要一些"停机时间"来恢复敏感的感官。

高感官追求者型高敏感人群：

伊莱恩·阿伦表示，无论属于哪个类型，约有 30% 的高敏感人群都会寻求高感官刺激。他们能从高感官刺激的活动中获得更多的乐趣，如声音震天或直击心灵的现场音乐。他们追求新奇多样、惊心动魄的体验。

我属于感官型加情绪型高敏感人群。我追求新奇刺激的体验，但事后需要"停机时间"来自我调整。

了解自己的临界点/过度刺激点

高敏感人群要了解自己的临界点或过度刺激点，即超过这个程度，神经系统就会难以承受，需要休息（见"认识过度刺激"）。你可以找到过度刺激的诱因，在日常生活中精准避雷。以下是一些常见的诱因。

类型不同，诱因各异。

情绪型：无论敏感与否，人类本就是情绪化的存在。移情者一定要特别注意自己的情绪状态，因为这个类型的人更容易被情绪所淹没。情绪型高敏感者需要设定界限来保护自己的情绪能量。练习"认识情绪：命名、允许和处理感受"和"认识平静可控的神经系统"对他们会很有帮助。遵循本心是件美好的事情，但我们必须知道自己的承受能力，及时安抚自己的情绪。我们还要留神"精神/能量吸血鬼"和"创伤呕吐者"。

想象型：充满想象的生活是令人向往的，但对于一些高敏感人士来说，也可能是一种痛苦。这个类型的人一定要确保自己没有在想象上或想象的世界中花费过多时间。"设定容忍界限"的技能可能会有帮助。你要确保你的想象不会影响你的正常生活。有时，你需要暂时放一放手中那本引人入胜的书，让大脑休息一下，或放下游戏手柄，到外面走一走。"尊重快乐，发展创造力"的技能对想象型高敏感的人很有帮助。

智力型：信息也可能成为过度刺激的诱因。智力型高敏感人群总是在注意力允许的范围内获取尽可能多的信息，所以他们需要限制自己获取信息的数量和时长。此外，如果你或他人对一个领域的知识了解不多，也不要过分苛责，没有人应该无所不知。"尊重真理，回应正义"是一项需要完善的关键技能。"重构困境"也是一个很好的工具，可以帮助你和那些无法理解你的特质的人相处。

精神运动型：注意身体的感觉，以及这些感觉向你传达的信息。运动时要注意身体所能承受的极限。"自我支持/自我养育"和"设定容忍界限"也需要不断练习，这些技能可以让你学会适当休息。"学会安抚"技能也可能有所帮助。

感官型：任何感官上的东西，如食物、气味、噪声和灯光都可能成为过度刺激的诱因。你要提防成瘾问题。同时，寻找机会让自己的感官得到休息，情绪得到舒缓。"学会安抚"的核心技能可以安抚感官和神经系统。

最好的一天：最佳刺激的想象练习

在日记中或你喜欢的其他地方，写下你心中的"完美的一天"。你在这样的一天里会看到、闻到、听到、尝到和触到什么？把这一天分成三个时段：早晨、中午和晚上。分别列出每个时段里你设想的场景、气味、声音、味道和触感。

例如：

早晨：

我看到明亮的阳光透过窗户照射进来。

我摸着狗狗柔软的毛。

我闻到煮好的咖啡香。

我听到了古典音乐的动人旋律。

我品尝着美味的咖啡和我最喜欢的早餐。

畅想过完美的一天之后,你可以运用想象力,给日常生活加入一些愉悦的感官时刻。生活不完美,但我们可以自己创造一些快乐。

给高感官追求者型高敏感人群的小贴士

如果你不确定自己是否属于这类人群,请在伊莱恩·阿伦的网站 HSPerson.com 中进行 HSS(High Sensation-Seeking)测验。

如果你已经确定自己属于这类人群,你要在追求新奇刺激和渴望安静休息之间找到平衡点。你要知道什么样的平衡对你的神经系统最有益。一味追求高感官刺激也可能让我们变得倦怠。

- 如果你知道接下来发生的事情可能会让你难以承受,请为自己安排恢复或休息的时间。例如:喧闹拥

第二章　高频生活：日常生活

挤的演唱会散场后，不和朋友结伴而行，选择独自回家，让神经系统休息一下。

●这个类型的人喜欢"堆积"刺激性体验，过度安排自己的时间，不停参加刺激的活动。如果你经常感到时间仓促、心慌意乱，你就应该为自己安排更多的休息时间。

●了解并接受人们可能难以完全理解你的矛盾特质。我们是内向和外向的混合体，有时吵闹活泼，有时安静内敛，我们需要向他人解释我们的特质。

日常活动和人际交往

所有的人都要进行时间管埋，但这个看似日常的行为对高敏感人群来说却并不容易。这是因为高敏感人群有两个特质：深度加工信息和易受到环境的过度刺激。如果时间仓促，或必须在某个时间到达某个地方，高敏感人群可能会感到紧张。

如果在孩童时代没有学过自己安排日常活动，我们可能难以建立符合我们高敏感天性的日常及日程表。如果生活环境或者他人无法尊重我们的个人需求，不能设定界限，或对我们的要求说不，就会加重我们的痛苦。许多高敏感人士发现自己在照顾自己的需求之前，总会先照顾别人的需求。

本章接下来将介绍时间管理的策略。"自我支持/自我养育"

的敏感核心技能，"认识过度刺激""认识情绪""学会安抚"和"设定容忍界限"等技能有助于掌握这些策略。

与过渡期及时间共处

● 让时间成为意识的一部分。

戴上手表，设置闹钟，在每个房间里放一个显眼的时钟，这些方法可以保证你有时间概念。

● 为自己留出时间的余裕。

出门前，我一般会给自己留出两到三倍的时间，多出的时间让我不必手忙脚乱。

● 当你从一项活动过渡到下一项活动时，可以换换衣服，或换换鞋子。

活动过渡间隙会让高敏感人群感到挣扎。我怀疑这可能是由于我们的大脑习惯深度加工信息——当大脑仍在处理当前这个任务时，时钟已经指示我们开始下一个任务了。换一下衣服或鞋子，换衣过程中的身体活动和新换的衣服都可以提醒身体：要进行下一个活动了，做好准备吧。

● 如果你要迟到了，那就和对方沟通一下吧！

高度敏感的人总是想迎合别人,即使知道不可能,我们也想强迫自己按时到达;或者,我们可以准时到达,但我们到达时会压力很大、体力不支。当我们要迟到时,一个电话或一通短信就可以减少我们的压力,让我们从容出场。

- 专业贴士:做好应对突发事件的准备。

我们想让旅行尽在掌握之中,但现实却往往不尽如人意,就比如纽约市的交通系统和洛杉矶的高速公路。即使谷歌地图告诉我们,从圣费尔南多谷到洛杉矶机场只需要47分钟——现实告诉我们,47分钟可绝对到不了。

舒缓的日常活动

一顿丰盛的早餐和一项舒缓平静的晨间活动可以帮你开启美好的一天。一日之计在于晨,以一个好心态开始新的一天是至关重要的。这个方法并不复杂耗时,但却很有帮助,可以让你的身心紧密相连,帮你出门前舒缓神经系统。从我们睁开眼睛的那一刻起,大脑就要开始吸收和处理信息。虽然经常有人说,这是个信息时代,信息就是优势,但我们不需要全天无休地处理超出我们承受能力的信息。对一个高度敏感的人来说,接收每天自然呈现在我们面前的信息就足够了。

你要注意你每天接收的信息。电子设备让世界触手可及,一起床,我们就想拿起手机,刷新浏览。你可以放下手机,换个活动。也许你可以喝着热饮写日记,可以健身或做瑜伽,也可以散步或冥想。总之,选择一种舒缓简单的活动。

除了早晨之外,可以设置其他"检查点",有意识地进行舒缓练习。写下你天马行空的想法,让身心得到休息。

早晨:＿＿＿＿＿＿＿＿＿＿＿＿＿＿＿＿＿＿＿＿

下午:＿＿＿＿＿＿＿＿＿＿＿＿＿＿＿＿＿＿＿＿

晚上:是时候放松一下了!＿＿＿＿＿＿＿＿＿＿

舒缓:＿＿＿＿＿＿＿＿＿＿＿＿＿＿＿＿＿＿＿＿

说"不"的艺术和相关练习

高敏感人群常常纠结于界限的问题,不会说"不"。高敏感人群要想避免过度刺激或远离毫无意义的事情,就要学会拒绝他人。一开始,你可能觉得难以启齿,但熟能生巧,说"不"

可以帮助我们设置界限，保护我们有限的时间和精力。

说"不"也可以练习敏感核心技能。"认识情绪"可以教你辨别是否有必要说"不"。如果设定边界对你来说是一种压力，你可以练习"设定容忍界限"。深呼吸可以让你的练习起到事半功倍的效果。

说"不"五步法：

1. 尊重你要拒绝的事情/人/环境。
2. 温和坚定地说"不"。
3. 等待对方的回应。
4. 对方表达不满时，表示理解；对方表示理解时，表示感谢。
5. 坚持下去！

总　结

　　高敏感人群可以分为许多类型。你要确定自己的类型，满足自己独特的需要。你可能属于某一种类型，也可能是几种类型的组合。如果你属于高感官追求者型高敏感人群，不妨探索一下追求刺激与休息时间的正确比例。

　　高敏感人群不擅长管理时间和过渡期。练习这两个方面时，要对自己有耐心。

　　说"不"可以帮你设置合理的界限，为你的高敏感天性服务。

03

第三章

真实的高敏感人群：社交场合

"什么是真实？"一天，南娜来整理房间之前，绒布小兔和皮皮马并排躺在育儿室的炉围旁，小兔问："真实的东西，是不是里面有嗡嗡的声响，外面还有一根突出的手摇柄？"

"真实不是你的构造，"皮皮马说，"而是发生在你身上的事情。当孩子爱了你很久，不是仅仅和你玩耍，而是真实地爱你，那么，你就会变成真实的了。"

"会疼吗？"小兔问。

"有时会疼，"皮皮马诚实地说，"但当你已经成为真实的，你就不会在意这些疼痛。"

"真实会像上发条一样突然发生？"小兔问，"还是一点点发生？"

"真实不会突然发生，"皮皮马说，"你会一点点变真实，这个过程需要很长时间，这也是为什么真实不会发生在那些容易受伤、充满棱角、需要小心对待的人身上。一般情况下，在你逐渐变真实的日子里，你可爱的毛发会渐渐脱落，你的眼珠会掉出来，你身体连接处的缝线会慢慢松散，你会变得破旧不堪，但没关系，因为你一旦变真实了，在理解你的人眼中你永远不会变丑。"（玛格丽·威廉斯，1922）

对高敏感人群来说，展现"真实"的自我并非易事。社会、家庭和组织有时并不欢迎我们敏感的天性和高涨的情绪。很多人为了适应环境，小心翼翼地隐藏着真实的自我。许多高敏感的人因此感到痛苦。其实人类都是如此，时刻背负着"应该"成为什么样的人的压力，而没法成为真正的自己。你要接受自己的高敏感特质，不要背叛自己的大脑，无视内心的真实渴求。

本章将讨论现代社会对我们的期望，教你养成符合高敏感特质的生活习惯。此外，社交媒体已经成为现代社会生活不可或缺的一部分，我们也会探讨如何在社交媒体的虚拟世界中为你的高敏感留下喘息之地。

外界的期望

2014年，纽约州立大学石溪分校的伊莱恩·阿伦等研究人员对18个被试进行了大脑功能性磁共振成像研究，记录下他们对伴侣或陌生人不同面部表情的图像的反应。研究发现，被试中的高敏感人士对表情图像的反应更为强烈，大脑中负责同理心、意识和感官的区域更为活跃。此外，他们的脑岛也更为活跃——脑岛是大脑中负责感知和自我意识的区域。镜像神经元系统血流增加，也更为活跃——这个系统是大脑中负责同理心和捕捉他人情绪的区域。该研究表明，高敏感人群对他人的情绪反应更为强烈。

这种生物学上的差异解释了高敏感人群的社交障碍和害羞焦虑的原因。这些特征也可能源于高敏感人群在成长过程中了解到自己的情绪和反应是"错误"的、不被接受的。我们在成长过程中经常得到的评价是"想太多"或"情绪化"——我们需要停止哭泣，我们需要成熟一点，我们需要"乖"一点——长此以往，我们慢慢地把真实的自我藏了起来。我的许多客户说，他们隐藏压抑自己的情绪，甚至在家人朋友面前也是如此。我发现高敏感男性的处境更为艰难，他们自小被教导着"男儿有泪不轻弹"，要成为一个"男子汉"。

正是因为这些错误观念，许多高敏感人士都有社交焦虑，他们害怕派对，害怕聚会，害怕人多的地方，这些场合让他们不知所措，还会勾起他们不好的回忆，在回忆中他们总觉得自己"不够好"、不受欢迎。

高敏感人群要想成为真实的自己，必须学会的技能就是哭泣。哭泣是高敏感人群在心理咨询中常遇到的话题，如果他们在心理咨询的氛围中找到了真实的自我，他们就会慢慢卸下伪装，放心哭泣。许多客户在头几次哭时都会道歉，就好像我准备的几盒纸巾只是摆设，可见，即使是处于这样一个允许他们充分表达自己情感的空间里，他们还是会为自己的眼泪感到羞愧。每到这种时刻，我仿佛从他们的歉意里看到了他们身上曾经发生的故事，也知道了他们内心对眼泪的看法。

人们普遍认为哭泣在某种程度上代表着坏事，但生物化学家、"泪水专家"威廉·弗雷（William Frey）博士有着完全不同的见解。科学表明，身体可以通过哭泣释放出"压力荷尔蒙"和其他毒素。此外，还有研究表明，哭泣会产生内啡肽和其他让大脑"感觉良好"的荷尔蒙。所以说，"痛哭一场"之后会感到轻松，其实是有科学依据的。

哭泣

如果你感觉哭一哭没什么不好，那就尽情哭出来，不过，你要留意自己的想法，人在心情不好时会容易苛求自己，你要学会体谅自己。

如果你当下需要控制情绪，不能哭，那么可以用"学会安抚"的技巧先让自己平静下来，然后给自己预留一个哭泣的时间。高敏感人群喜欢在独处和安全时释放。当你开始允许、控制或重新安排眼泪时，当这些美丽的、治愈的、放松的眼泪流下时，你会倍感轻松。

哭泣的专业小贴士：如果你知道你将要出席一个会让你哭泣的场合，比如心理咨询，而之后还要见人，你可以给自己准备一些遮挡物。情绪激动时，一副墨镜可以带给你足够的安全感。

解决社交焦虑

你不必喜欢社交场合，你甚至可以讨厌社交场合，比如大型派对、俱乐部或是人群。我们可以承认自己其实更喜欢安静的生活，聚会有三五好友足矣。你不必喜欢社交场合，但不得不参加时，你要学会从容应对和放松自我。

在社交场合中，如果感到不适或不知所措，你完全可以保持沉默，置身事外。许多高敏感者也是移情者，能够感受到别人的不适，希望照顾大家的情绪，但这会让我们不堪重负，筋疲力尽。但你可以放心，就算我们保持沉默，置身事外，也总会有人来活跃气氛的。你要学会自我安抚，有时候，也许几次深腹式呼吸就能缓解你的焦虑。

如果你想融入其中，你可以利用你的 HSP 特征，即好奇心和敏锐的直觉。人们喜欢他人对自己好奇。如果你在社交场合感到不自在，就戴上你的好奇心帽子，开启你的"十万个为什么"之旅。你惊人的镜像神经元也能激发别人对你的好奇心，从而为你们的深入交流打开大门。

排练一下吧：治疗社交焦虑的工具

如果你为即将到来的社交活动感到焦虑，可以排练一下你的感受／行为／话语／离场。你可以写日记，也可以直接在脑海中排练。排练可以排除不确定带来的焦虑。

一些敏感核心技能可能对排练有所帮助。练习"认识情绪"，实时监控自己的情绪，了解自己在社交场合中的需求。"自我支持／自我养育"和"设定容忍界限"也是关键技能，因为你可能需要在社交活动中设定界限。

问一问自己，下次活动会有谁？在哪里？做什么？为什么？你的感觉如何？这些要素可以为你大致勾勒出下次活动，帮你做好准备。

谁：活动上都会有谁？会有认识我、理解我敏感天性的人吗？会有另一个高敏感的人吗？

做什么：活动中会做什么？我想参加吗？我必须参加吗？

在哪里：离家有多远？需要开车还是乘坐公共交通工具？多久才能到目的地？多久才能到家？

小锦囊：如果我需要休息，我可以躲在哪里？

为什么：我为什么参加这个活动？是去支持我关心的人吗？还是仅仅因为我觉得有义务去？

感觉如何：我在活动前、活动中和活动后的感觉如何？

如果经过排练，你感觉这个活动对你有害无益，或者你在回答以上问题时感到焦虑和不知所措，那么，这个活动可能不适合你。不参加也没关系。高敏感人群有时会为了迎合他人参加一些让自己感到不知所措的社交活动。可以考虑应用"自我支持/自我养育"技能，允许自己不参加。

管理社交场合：看人成树和"创伤呕吐"

一次，我和丈夫去参加家族友人的婚礼，我以为我唯一需要面对的选择是吃牛肉还是吃三文鱼。仪式过后，我们在 12 号桌坐下，同桌的是一群看起来友好无害的陌生人。我身旁的一位男士开始和我聊天，起初，我高兴地回应。

等到开胃菜上桌时，我不仅听说了他的悲惨人生，还知道了他失去了母亲、表弟和狗，他最好的朋友被诊断出患有脑癌，他还刚刚和女友分手。

我对这个人的遭遇深表同情，但我也想躲到桌子底下打个盹。我在没有预警的情况下知道了他的故事，成了他倾泻悲伤的容器。一顿饭结束，他起身离桌，先是和别人聊天，然后又去舞池跳舞，而我筋疲力尽地坐在原地，望着盘中没吃几口的三文鱼，感到恶心反胃，心力交瘁。我成了"创伤呕吐"的受害者——我用这个术语来形容未经他人许可，擅自把不好的情感倾吐给他人的情况。这种事不是第一次发生在我身上，但至少，它现在有了名字。

创伤呕吐其实是个不幸的习惯，因为患者没有地方容纳创伤，没有值得信赖的知己，没有可以倾吐心声的心理咨询。如果创伤得不到处理，他们会向任何听众反复讲述这个故事。他们讲出了故事，得到了解脱，但听众却需要整理情绪，洗个热水澡。很多"创伤呕吐者"都不清楚自己的"所作所为"，因为他们真的很痛苦，忍不住在任何可能的地方寻找解脱。

"创伤呕吐者"会捕捉到高敏感人士的特质，把他们捉来当作自己的创伤容器，其中，移情者型高敏感人群最容易遇到这种情况。你很可能就有这样一位朋友或家人。我的母亲就是一个创伤呕吐大师（对不起，妈妈！），但我使用了一些敏感核心技能和其他策略，现在她已经找到了其他方式来倾吐，而我则可以少洗一些澡了。

"创伤呕吐者"还有一个众所周知的"亲戚"——"精神/能量吸血鬼",他们消耗高敏感人士的能量和生命力。根据我自己和许多客户的经历,"精神/能量吸血鬼"也会被我们高度敏感的神经系统所吸引。

高敏感人士同理心强,擅于照顾他人的情绪,还有社交障碍,因此有时很难与陌生人划清界限。我的客户们在纽约工作、生活,每天都会和许多陌生人打交道。这些人际交往正是练习"自我支持/自我养育"和"设定容忍界限"的好机会。

例子:一个陌生人走过来,问你要电话。你感到不适,想转身离开,你可以说"不了,谢谢",然后尽快从这个尴尬的场面中脱身。

所有人都可能被身边或社交媒体上动人的故事或画面所影响,高敏感人群尤其如此。手指刚一按刷新键,别人的创伤就直直地戳进我们心底。当然,我们也可以从社交媒体中得到幸福和快乐,但即使是一个看似无害有趣的账号,也可能画风突变。

我的客户恩里克一直关注着一个账号,账号的主人分享着一只残疾宠物猫的日常，传播正能量。这听来很好，对吗？不幸的是，这只猫生病去世了。一开始，恩里克一打开他的账号就感到忧伤。恩里克一直关注着主人抒发悲痛的帖子，替他感到难过，还会流下眼泪。

几周过去了，账号的主人还在继续发帖。让恩里克自己都感到惊讶的是，他最终达到这样一个程度：他在阅读这些悲痛的帖子时感到愤怒。他带着怒气坐下来，他觉得自己受够了。他需要意识到，这种悲痛并不是他的，而且此时的他已经感到难以承受了。他决定取关这个博主。起初他有点内疚，但他最终还是听从内心，按下了取关键。

如果你也遇到了相似的情况，你一定要注意观察自己的情绪反应，练习"认识过度刺激"；辅以其他技能，效果更佳。

恩里克的故事告诉我们，社交媒体也是我们练习敏感核心技能的好机会。"认识过度刺激"和"认识情绪"帮助他了解自己的情绪状况；"设定容忍界限"帮助他确定自己的需要，然后采取行动，实现目标。哪些敏感核心技能可以帮到你呢？

第三章　真实的高敏感人群：社交场合

社交场合中的自我关怀

社交场合中，高敏感人群必须练习以下策略。

● 想休息时就休息一下！

高敏感人群在社交场合中的"开机"时间远远超过了他们的承受能力。如果你在社交场合（如派对）中感到筋疲力尽，就休息一下，时间长短视你的需求而定。你可以去别的房间静静地坐一会儿，可以去外面走走，也可以和宠物玩一会儿。

● 聆听身体的信号。

大脑和身体有时会发出信号，警告我们已经达到极限，但我们常常忽略这些提示。我们还可能会在别人的哄劝下，尝试一些我们平时不会接触的东西。你可以选择不告诉任何人直接离开，或者练习"设定界限"的技能。（比如，有人劝酒时说："不了，谢谢。"）

● 如果你在社交场合中遇到一个难相处的人，一种难缠的能量（我相信你理解我的意思），请阅读下一节，我朋友拉姆·达斯（Ram Dass）的故事可以给你一些启发。

如何应对难相处的人：看人成树

精神导师拉姆·达斯指出，人类对自我的本性感到不满时，就会互相施加限制，最终却限制了自己。他在教学中也谈到了人类难以接受本性时内心的挣扎。不知何故，我们可以很容易地接受自然，比如树木，我们不在乎它们的种类、大小和生长方式，但我们却很难以同样的方式接受人类。

因此，我们可以看人成树，特别是那些难相处的人，无论他们是什么类型的树，无论他们生长的方向如何，你都可以完全接受他们。你可以利用你与生俱来的"重构困境"的技能让自己更舒服。此外，这也是练习"设定容忍界限"的绝佳机会。

你可以用这个方法应对讨厌的同事和亲戚，接受他们，不必试图改变他们。心理咨询中有这样一句话："在对方所在的地方与其相遇。"换句话说：以其人之道还治其人之身。

如果你有一个家人的情商像幼儿一样（是的，这样的人是存在的！），你却想和他像成年人一样相处，这种期待对谁都没有好处。如果他表现得像一个三岁的孩子，那么就以这个标准来调整你对他的期望。看看你能否在满足自己的需要的同时，"在对方所在的地方与其相遇"。"自我支持/自我养育"和"尊重真理，回应正义"的核心技能在这里很重要，你可能还需要练习"设定容忍界限"。

管控陌生人风险

与陌生人交往既可以练习自我支持，也可以练习设定界限。我的很多客户就选择和陌生人练习"设定容忍界限"和"自我支持/自我养育"。就算效果不理想，反正你很可能不会再见到这个人——总之，这是个很安全的练习方法。练习场所方面，你可以选择公共交通工具，如公共汽车和火车，也可以选择大型公共场所，如商场、超市和公园。

第一步：利用你敏锐的直觉对陌生人进行快速评估。他们看起来是否安全无害、平易近人？如果是，就进入第二步。

第二步：开启对话。你可以提出请求，例如："对不起，先生/女士/同志，我可以坐在你旁边吗？"你也可以赞美对方，赞美堪称与陌生人互动的小妙招。

第三步：认真倾听，积极回应。如果你选择走"赞美"路线，得到的回应可能是句简单的"谢谢"；如果你选择"请求"路线，他们可能同意让你坐下。

第四步之一：一旦互动失败，或是对方让你感到不安，或是你发现你遇到了一个"创伤呕吐者"或"精神/能量吸血鬼"，你要及时抽身。一边"设定容忍界限"，一边用你与生俱来的沟通特质，礼貌地找借口离开。

第四步之二：此时，你可能对对方有了一定程度的了解，如果你愿意，可以和他们聊一聊。话题不必别出心裁，随便聊聊就好。

第五步：互动结束后，以书面形式或在脑海中回顾这次互动。这次互动让你有成就感吗？互动过程中你有什么惊喜吗？你喜欢这次互动吗？下次你会换个方式吗？

管控陌生人风险的小贴士：

- 雇用一个情感保镖。

经历了婚礼上可怕的创伤呕吐事件后，我丈夫已经被我聘为永久情感保镖。我们有一个协议，如果我给他一个信号，他就会立刻帮我逃离"创伤呕吐者"

或"精神/能量吸血鬼",或者与之建立界限。

● 如果一个陌生人让你感到危险,一定要相信自己的直觉。

高敏感人群善于用自己的直觉去感知他人。如果你的直觉告诉你不要与某个人接触,那就听从你的直觉,和那个人保持距离。你不是疯了,也不是不好相处,你只是从这个人身上捕捉到了一些别人看不到的东西。

● 陌生人也是人。

相信直觉,及时从危险中抽身确实很重要,但一般来说,大多数陌生人并不是坏人。

给自己的社交媒体生活减负

我们生活在一个信息爆炸的时代,网络世界尤为如此。其实,你不必过于关注别人的生活,尤其是那些陌生人的生活。你完全可以给自己的社交媒体生活减减负,或者根本就不创建账号。记住,刷新社交媒体既不是你的工作,也不是生活中不可或缺的一部分。没有 Facebook 或 Instagram,你仍然可以拥有健康充实的生活。

如果你选择使用社交媒体，那么请订阅发表一些积极充实的内容。许多 HSP 客户说，比起 Facebook，他们更喜欢 Instagram，因为 Instagram 上只有一些让他们感到愉悦的图片，而 Facebook 上的文字总会让他们情绪波动。及时止损，不要到了崩溃点才想起离开；主动评估你与社交媒体的关系，以及你所关注的人和事。社交媒体的节奏和结构让我们无意识地接收了过多的信息，从长远来看，这可能是无益的，甚至是有害的。

上网时，你要注意自己的感觉和状态，及时捕捉情绪信号，就像恩里克一样，适时设立界限，或者取关账号。许多社交媒体平台都有这样的功能，如 Facebook 的"取消关注"和 Instagram 的"静音"功能，你可以和某个账号保持联系，但不必关注他们更新的动态。

总 结

　　我们天性敏感，并不是因为我们生性懦弱，或是压根不适合这个世界，而是生物学上的原因。我们要培养对自己大脑内的独特化学反应的同情心，用学到的 HSP 技能和策略与之合作。

　　看似难以置信，但人类确实能与陌生人产生共鸣，这其实是因为人类善良、有同情心和慷慨的本性。在纽约，这样的例子屡见不鲜。

　　不要忘记：高敏感人群在全人类中占有 20% 的比例！我们在社交场合与他人互动时，可以练习"自我支持/自我养育"和"设定容忍界限"等技能，提升和尊重我们与生俱来的 HSP 技能。

04

第四章
敞开心扉的生活：关系

释一行禅师（Thich Nhat Hanh）写道："爱就是承认，被爱就是被对方承认。"爱是高敏感人群幸福的核心。我们需要独处时间，但也需要高质量的亲密关系。天性使然，高敏感人群总是不断迎合自己爱的人，站在对方的立场想问题，这样的天性让我们感到疲惫不堪。高敏感人群爱得深沉，但敏感的灵魂常常让我们遍体鳞伤。在这一章中，我们将讨论如何在亲密关系中与敏感的天性合作，让你的爱人认识并尊重你的敏感特质。

高敏感人群在恋爱关系中的常见挑战和相关研究

众所周知，高敏感人士是优秀、有爱心、有同情心、有同理心的理想伴侣，但他们在恋爱关系中也可能会遇到一些困难，如尊重、管理和交流 HSP 特质。我会先介绍一些相关研究，然后介绍一些有助于高敏感人士拥有更快乐和更健康关系的策略。

伊莱恩·阿伦在 2004 年的一项研究中发现，高敏感人士在恋爱关系中更容易感到厌倦。因为我们对深层情感有着强烈需求，而我们的伴侣却无法满足这种需求。不过，如果我们选择的伴侣恰好也是高敏感人士，我们就会有相似的需求。

阿伦还发现，高敏感人士更享受性生活，观念更为开放，高感官追求者型高敏感人群尤为如此。我推测，许多性别认同更广泛和性取向更多样的人可能是高敏感人士，不过，这一假设还有待进一步研究。高敏感人士不受文化结构和社会观念的限制，允许自己在性别和性的问题上大胆探索。

高敏感人士与性有一种近乎精神上的联系，更能享受性带来的神秘力量。我们敏感的神经系统可以通过更微妙的刺激来体验性的快乐。一次若有似无的触摸或一个渴望的眼神就能让高度敏感的人目眩神迷。有些选择用亲密方式或性相关的方式进行心理治疗的人，比如职业安抚员和性代理等，他们是否也属于高敏感人群？

高度敏感的人更容易受到他人情绪的影响，对他人的情绪也有更强烈的反应，因此，他们时刻关注着爱人的面部表情和情绪状态。如果他们在童年时期遭受过创伤，特别是依恋创伤，这种警惕性会更为明显。

我们的神经系统有时会敏感到让自己都感到困惑。当我们察觉到伴侣的愤怒或烦躁时，就会心生误会，开启戒备状态。我们将对方的情绪变化归咎在自己身上，即使事实并非如此。高敏感人士在恋爱关系中应该保持健康沟通，避免误解。

第四章 敞开心扉的生活：关系

高敏感人士会将自己困在过往经验和关系带来的伤害中，自我贬低，认为自己不值得。我们要记住，我们有权利在一段关系中告诉对方自己希望被如何对待，这种要求并不算贪心。即使他人误解我们的 HSP 特质，对我们的敏感品头论足，想让我们认为我们不该提出这种要求，想让我们觉得自己很贪心，我们也要表达我们的需求。表达所需所想是所有关系的核心。

调整期望值

尽管 Hallmark 频道和 Lifetime 平台的电影告诉我们，伴侣并非我们生活的全部，但人人都期待拥有完美的伴侣。如果我们的伴侣没有完全满足我们的情感、精神和社会需求，或者和我们没有共同爱好，我们就会感到失望。现代亲密关系领域专家埃丝特·佩瑞尔（Esther Perel）在她 2007 年出版的《亲密陷阱》(*Mating in Captivity*) 中表示，许多现代关系失败的原因在于我们给伴侣施加了太多压力，他们必须是我们最好的朋友或最好的情人，有时甚至需要身兼两职。研究发现，拥有更多社会资源的人在亲密关系中更快乐，亲密关系也更为长久。

当然，伴侣是生命中最重要的关系，但你也可以试试在其他方面或其他关系中得到满足。例如，如果你想看戏剧，但你的伴侣不感兴趣，你可以约爱看戏剧的朋友结伴同行，或者加入戏剧俱乐部，没必要非拖着你的伴侣做他不喜欢的事。

我们不仅可以把浪漫关系看作是生活的一部分，还可以把它看作是一个治愈自己的机会。我们会在关系中受到伤害，但我们也可以让关系治愈我们。一项有关夫妻和家庭关系的研究表明，人类选择的伴侣，有的和自己的父母相似，有的和曾经的初恋相似，这说明家庭和亲密关系是我们学会爱的途径。

我们被这种熟悉的、被我们称为"爱"的感觉所引导，慢慢发现自己在亲密关系中面临了和父母相似的困境。例如，如果一个人的成长过程中常常目睹父母毒瘾发作，这个人有可能不自觉地选择有类似情况的人。有时候认清这点并不容易，但这种镜像关系也可以帮助我们正视这些困境，解决这些困难，治愈家族中世代存在的伤害，打破痛苦的循环。

这看似很难，但其实是练习敏感核心技能的好机会。例如，如果你来自一个界限不明确或没有界限的家庭，你可以和你的伴侣设定一些界限，从小事入手，比如给对方分派一些家务。

或者，如果你的家庭不允许表达情感，你可以和你的伴侣分享喜怒哀乐。也许一开始你可能感觉不适应，但通过练习，你会慢慢习惯。

伴侣关系可以帮助我们成长，治愈我们的创伤，但我们也要保持清醒。你要确定拥有一段和原生家庭相似的浪漫关系对你来说是否安全，是否能治愈你；或者说，"修复"和"治愈"是否是解决原生家庭伤害的一种方式。

你可以允许自己突破社会观念的限制。高敏感人群更容易在亲密关系中感到厌倦，因为我们有时发现文化认可的浪漫关系和性别期望不适合我们。如果经典的性别和关系对你来说没有真实感，你可以做一些新的尝试。

健康沟通，设定界限

你的伴侣可能无法完全了解你的情绪需求。我们有时认为，我们的伴侣和我们朝夕相处，爱着我们，所以他们应该知道我们的所需所想。我们下意识地认为，我们的伴侣和我们以同样的方式看待世界、体验世界，但他们可能并不是高敏感人士。

我们的伴侣不会读心术，他们肯定没办法完全读懂我们的心，但我们可以健康沟通，设定界限，让我们的关系更和谐。

- 让你的伴侣了解你的HSP特质。

现在有许多HSP资源，如书籍、文章、TED演讲和电影，如《敏感：不为人知的故事》（*Sensitive: The Untold Story*）、《敏感爱恋》（*Sensitive and In Love*）。你们可以一起阅读或观看这些资源，谈谈你认同其中的哪些观点。如果你的伴侣也属于高敏感人士，你可以借此机会让对方说出他在你们的关系中遇到的挑战。

- 在与你的伴侣讨论你的HSP特质之前，找出你们在亲密关系中焦虑、愤怒和争吵的诱因。

这些诱因可能是害怕被抛弃或失去自我的表现。发挥你独特的高敏感天性，思考一下解决方法。

- 自我教育，或寻求夫妻咨询师/婚姻家庭治疗师的帮助，学习沟通技巧。作为高敏感人士，我们中的大多数人都喜欢在亲密关系中进行自主和明确的沟通。

- 如果你曾经有过一段糟糕的亲密关系，请确定你

第四章 敞开心扉的生活：关系

是否会无意识地把它带到你目前的关系中，是否需要进一步处理之前的创伤。有时，你可以寻求心理咨询师的帮助。

● 了解自己的依恋风格。

所有人都会把自己的依恋风格带到他们的关系中，无论他们是安全型、焦虑型、回避型，还是这三种风格的混合型。阿米尔·莱文（Amir Levine）和蕾切尔·赫尔勒（Rachel Heller）在他们2011年出版的《关系的重建》（*Attached*）一书中，解释了依恋风格背后的科学依据，还介绍了如何利用这些科学依据改善关系。你首先要了解自己和伴侣的依恋风格，以便提前掌握你们在关系中可能面临的困难。这些风格类型可以解释为什么你的伴侣有时会觉得你"黏人"（焦虑型）或为什么你有时让对方感觉很疏远（回避型）。

● 和伴侣认真探讨你在这段关系中可能需要的身体、情感和性的界限，以及你希望的沟通方式。

如果你不确定自己的需求，可以先花时间在自己身上探索这些界限。如果你正在接受心理治疗，你可以和心理咨询师聊聊这个问题。看看你能否在相互理解和尊重的基础上找到适合自己的相处模式，或者做出一些让步。如果你需要指导或支持，可以寻求心理咨询师的帮助。

滑过去还是停下来？高敏感人士的约会

约会软件及交友网站是目前最流行的寻找伴侣的方法。有些高敏感人士喜欢约会软件，因为约会软件消除了面对面接触潜在伴侣的焦虑；有些人却不喜欢这种方式，因为虚拟世界让他们无法用本能和直觉感知对方。如果你也有这种挫折感，那你大可放心！许多人仍然用"老套"的方式结识新朋友，比如朋友聚会或朋友介绍。

高敏感人士坠入爱河时可能会陷入新的关系能量（NRE，New Relationship Energy）。一时冲动可能会蒙蔽我们敏感的眼睛，无视随着关系深入而亮起的红灯。关系进展飞速未必有什么问题，但我们要谨慎提防自己过度沦陷其中。

如果你意识到你可能正处于新的关系能量之中，你要相信直觉。坐下来仔细想想，你对这个人除了迷恋还有什么。与朋友或心理咨询师聊一聊也会有所帮助。

你也可以试着和你的约会对象聊一聊你的 HSP 特质。他们可能也是高敏感人士。你也可以通过这个机会练习和他人谈论高敏感，向别人科普高敏感的知识。如果在一起一段时间后，你还是觉得没办法和对方谈论你的 HSP 特质，这可能是一个信号：你们并不合适。

调整约会期待值。在约会过程中，我们往往会给自己施加很大压力，如果事情没有按照预想中的发展，我们就会陷入深深的自责中。约会是一个寻找伴侣的过程，但也是一个发现我们真正想要什么的过程，我们可以在这段关系中不断探索。不成功的约会会让人感到失望，产生挫败感，但这种失败也可以让我们了解自己在亲密关系中的期待。

敏感的家务事

"你在睡觉吗？"

经历从纽约到加利福尼亚的长途飞行，我终于来到了几个月来梦寐以求的地方：我父母家客厅的沙发。我把自己紧紧地裹在一条毛茸茸的毯子里，躺在沙发上打盹，我的狗依偎在我脚边。显然，我那亲爱的却总会在无意中惹人生气的父亲对我是否在打盹感到困惑。我闭着的眼睛和毯子的卷饼状态让这个问题陷入僵局。

"是的。"我嘶哑着嗓子，强睁开疲惫的眼睛，对他说。不一会儿，我听到我弟弟也走了进来，我赶紧把毯子拉到头上。

弟弟问："又在打盹？你怎么这么累？"此时，我意识到我在这个公共空间里根本没法休息，我一把捞起毯子和狗，去童年的卧室寻找片刻宁静。

高敏感的人发现，我们很难和家人解释在沙发上打盹且希望不被打扰的需求，而这不仅仅是打盹的问题，这也是设立界限的问题。

而且，随着许多高敏感的人开始组建自己的家庭，他们要挣钱养家，要养育子女，要侍奉双亲，这种身兼多职的生活让他们筋疲力尽。

黑羊能量

格格不入会让人感到痛苦绝望，孤立无援。许多走进我办公室，开始心理治疗的人，都有相似的感觉。他们需要、热爱并渴望着世界的多样；他们的爱好和内心深处的价值体系与他们成长过程中所接受的教育不一致；他们经常觉得自己是错的，是不同的，就像是家庭中的那只黑羊。我的个人经验和临床经验告诉我，否认一个人的真实自我十分有害，而当我们允许自己成为真实的自己时，即使格格不入，我们也能拥有自由，感到快乐。因此，我对你的建议是，与其把你华丽的羊毛藏在非敏感的伪装下，不如展示真实的自我。

黑羊能量其实是一种心态，这种心态鼓励我们承认自己的独特，并以此为荣！我们的需求、愿望、欲望和价值观确实和我们的家人不同，但我们不觉得需要为此道歉。这种心态让我们充满信心，让我们成为了不起的自己。我们可以选择自己喜欢的生活，比如住在哪里、和谁相爱、支持哪个政治派别。

如果你感受到了你的黑羊身份，请考虑与其共处的办法。你要怎样才能活得更真实，怎样做才能更符合本性？也许你一直不敢告诉父母你的政治观点，那么你可以以此作为切入点。或者，你的家人缺乏分寸感，你可以在你们相处的过程中设置一些界限。又或者，你一直想创业或去冒险，但担心被嘲笑，搁置了想法，你可以脱掉白羊的伪装，给自己一个机会。你的生活取决于你的选择。你不必和其他羊一样。

自人类诞生以来，黑羊就一直存在，这是上帝造物的奇迹。学者、艺术家、活动家，以及那些敢于打破社会规则的人都是黑羊。没有他们，就没有我们。想想看，一成不变的生活会是多么无聊。拥抱真实的自我，你不仅是在治愈自己，也是在治愈整个世界。真实是可以传染的。所以，我的朋友，梳蓬你的羊毛，擦亮你的蹄子，大声地咩咩叫。咩咩咩！

假期生存指南

Hallmark 和 Lifetime 旗下的拜金电影与社交媒体里的炫富帖子，不但让我们产生了不切实际的期待，还告诉我们，与家人长期相处的日子是其乐融融、欢声不断的。然而，许多高敏感的人发现，与亲人团聚的假期只会让他们身心疲惫。以下策略或许可以对他们有所帮助。

- 想好退路。

在你与家人商量旅行安排或订票之前，先考虑好你自己的需求。计划好你想和家人相处的时间。平均而言，大多数人会和家人和平共处三到四天，然后休息一两天或直接离开。

- 想好应急方案。

如果你的家庭有裂痕，你虽然想和家人一起过节，但你们确实难以共处，你需要准备一个应急方案。这个方案可以是提前离开，也可以是在你需要休息的时候，在附近找个朋友、找间酒店或者别的什么地方。哪怕是在附近散步，也可以让你恢复过来。

- 把自己的感受放在第一位。

释放黑羊能量，想打盹就打盹，想休息就休息。没有必要为此道歉。这正是黑羊所需要的。

- 建立家人之外的沟通渠道，或寻找安抚情绪的方法（或两者都有）。你可以寻求心理咨询师、朋友或同事的帮助，也可以写日记开解自己。

- 寻找家族里的其他黑羊！

高敏感是遗传的，所以你的家族中很可能有其他高敏感人士，但他们却没有意识到这一点。这个人可能是你在困境中的盟友。

- 看好"情感行李"。

在候机室候机时，你会看好自己的行李；同样，在节日和假期中，你也要看好自己的"情感行李"，或者提防家人的"情感行李"。在出发之前，想想可能出现的情绪问题，提前想好对策。

- 假期也是练习核心敏感技能的好机会。

"自我支持/自我养育"和"设定容忍界限"的技能可以帮你计划一个适合你的家庭假期。你还可以练习"重构困境",因为家人之间的相处也可能出现困境。你也可以使用"尊重快乐,发展创造力"的技能,利用你的创造力,创造一个新的家族活动,让每个人都能享受到快乐。

关于为人父母和父母须知

如今,生孩子不仅是夫妻二人的决定,还有社会带来的压力。如果你不确定自己是否想要孩子,你有权利花时间想清楚,你自己或你的伴侣是否想要孩子。

生儿育女是一项极费心力的工作,对高敏感的人来说,尤为如此。如果你不想生孩子,你可以不生。如果你有照顾点什么的愿望,可以用其他方式来满足自己。我们可以照顾我们身边的人、宠物、亲朋好友的孩子,或者是我们的地球。当然,你也可以照顾你自己!

如果你确实想要孩子或已经有了孩子，那你要知道，虽然许多高敏感人士是优秀的父母，但为人父母绝非易事，父母对子女的担忧是永无止境的。伊莱恩·阿伦发现，高敏感父母组成的家庭可能更混乱无序；同时，她也发现，高敏感人士对孩子更有耐心。我接触过一些高敏感的父母，他们对孩子的爱和同理心让我感到敬佩。他们努力观察孩子的情感体验，由衷希望给孩子提供一个他们不曾拥有的快乐童年。

高敏感人士容易被情绪淹没，但你要体谅自己，不要耻于寻求帮助。你要给孩子树立榜样，让他们知道展现脆弱的一面是可以的，寻求帮助也是可以的。

养育子女可以让我们回想起自己的童年。我们不能改变自己的童年，但可以给我们的孩子创造一个幸福快乐的童年。我们曾经没有机会选择如何处理我们的敏感性，不知如何面对自己的情绪，但我们可以鼓励我们的孩子做真实的自己。我们可以鼓励孩子设置界限，表达情绪，吐露心声，自在玩耍，教他们调节自己的情绪，鼓励他们发展与生俱来的创造力。

高敏感的天性会遗传，所以你的孩子可能也属于高敏感人

第四章　敞开心扉的生活：关系

群。HSP 儿童的相关资源也很丰富，如伊莱恩·阿伦的《发掘敏感孩子的力量》(*The Highly Sensitive Child*)或特德·泽夫(Ted Zeff)的《坚强敏感的男孩》(*The Strong, Sensitive Boy*)。

如果你觉得生儿育女是你的使命，但一想到这个问题就感到不知所措——我亲爱的高敏感人士，请相信我，我们绝对有能力胜任这项使命。请不要让高敏感成为创造你所期望的家庭的阻碍。

The HIGHLY SENSITIVE PERSON's TOOLKIT
玻璃心也没什么不好：
高敏感人群的不受伤练习

友 谊

高敏感人士做事认真，值得信赖，有同理心，善于倾听，懂得照顾别人的感受。这些特质让我们有成为良友的潜质。我们不轻易交朋友，但一旦认定，就加倍珍惜。

然而，维系友谊也不容易，我们很难将自己的需求传达给我们的朋友。我们的需求和爱好可能与我们的朋友不同，但我们迫于社会压力，压抑自己的需求，表现得和大家"一样"。此外，我们不愿和朋友起争执，因为那种氛围会让我们感到压抑和焦虑。

你越了解自己的高敏感本性，就会越了解你的友谊。在下面这一节中，你将学习到如何管理友谊，以及与非高敏感的朋友相处可能出现的问题；你还会学习如何拥有自己的 HSP 群体。

评估友谊

所有的关系都应该定期评估，友谊也一样。一个评估方法就是反思我们的友谊，特别是那些让我们觉得艰难的友谊。

下面的问题可以帮助你反思你的友谊。你要知道，和选择伴侣一样，我们有时会不自觉地选择反映我们家庭关系的朋友，因为感觉"熟悉"。一见如故是一种令人欣慰的感觉。

当然，这种熟悉感并不总是不健康关系的标志。但是，如果你的家庭有裂痕，你就需要更深入地评估这段友谊了。如果你的直觉告诉你，这段友谊有点不对劲，请一定要提高警惕。重新考虑并不意味着你一定要结束这段友谊，可能你只需要设立界限，或转变角色，或换个沟通模式。如果你发现一段友谊开始变质，你就要当断则断，适时暂停或结束这段友谊。

1. 你是否时常感到被误解，得不到应有的关心？
2. 你是否觉得你们之间的情感不对等？你是否觉

得你在单方面照顾或"治愈"你的朋友?

3. 当你和你的朋友相处时,他们是否只谈论自己的问题,忽略你的问题?这种相处模式是否让你不舒服?

4. 你是否信任你的朋友,愿意和对方倾诉心事?

5. 你的朋友是否是"创伤呕吐者"或"精神/能量吸血鬼"?

6. 你是否会害怕对方不高兴而不敢表达真实的感受?

7. 你是否和一些朋友相处得小心翼翼、如履薄冰?

8. 你的友谊是否让你想起你与兄弟姐妹等家人的关系?如果是,你想起了谁?你们的关系如何?

9. 你觉得你的朋友是否理解并尊重你高敏感的天性?这个人能否调整让你感到难以承受的情况,例如在你不喜欢的拥挤的酒吧或餐厅?

10. 你是否曾因为内疚或过去的情谊维系着一段想结束的友谊?

11. 你们的友谊是否足够"灵活"?当你的情况发生变化时(例如上大学、结婚或变得理智成熟),你的友谊能否"容忍"这些变化?

12. 你和这位朋友在一起时有什么感觉？你们相处时，你的身体有什么感觉？你是放松的，紧张的，还是介于两者之间？

13. 和这位朋友见面前，你感觉如何？兴奋还是恐惧？

14. 你的朋友会不会怂恿你一起晚归、酗酒或吸毒？你知道这些事没有好处，但还是会继续参与？

15. 和这位朋友见面后，你感觉如何？愉快还是疲惫？

如果这个测验让你对你的友谊感到担忧，这表明你需要重新考虑这段友谊，或者转变角色，或者设定界限。你可能要和这个人进行一次艰难的对话。以下有一些进行这种艰难对话的提示和策略。

温和对抗：与朋友进行艰难的对话

评估对方。你需要利用你高敏感的直觉判断对方是否愿意满足你的需求。他们是否有能力满足你的需求？这不是对他们评头论足，也不是对他们抱有不切实际的幻想，而是希望他们可以照顾你的感受。如果你觉得他们不愿意或没有能力满足你的需求，那就把他们看成一棵树（见"自我支持/自我养育"或"设定容忍界限"）。

我发现面对面沟通是最有效的，但对一些高敏感的人来说，可能是最难以承受的。如果你觉得当面讨论有难度，你可以写一封信或发一封电子邮件，打个电话也行。你可以告诉他们为什么你选择这种方式，希望对方可以理解你的高敏感和沟通方法。

高敏感人士不擅长面对面沟通，这方面的经验也不足，所以，如果你决定面对面沟通，就要提前想好时间和地点。理想的时间和地点可以减少焦虑。你们可以选择较为隐蔽安静的空间，自由表达自己，不要设定时间限制。

沟通之前、其间和之后，你可能会感到焦虑和不知所措，所以请在需要时练习"学会安抚"技能中的深呼吸和"脚踏实地"。舒适的衣服或舒适的物品也会有所帮助，如柔软的围巾或舒适的帽衫。

第四章 敞开心扉的生活：关系

排练！写下你想说的话，把它当作写给对方的信。笔随心动，写下你的真实心声，不需要雕饰辞藻，或是担心惹对方不高兴。你可以通过这种方式明确自己的需求。

写完初稿后，适当润色。

用"黑羊能量"支持自己。过去，你的情感需求从未得到满足，甚至你不知道你的需求有权利得到满足，这些经历让你不知如何表达需求，不会面对面沟通。事实上，尊重真实的天性对你和你的友谊都是大有裨益的。

进入主题之前，你要清楚沟通的目的是什么。如果你感到不舒服、害怕或紧张，请和对方坦言你的感受。如果你发现这样做可以缓解紧张，你可以在整个谈话过程中都这样做。

例如："跟你说这件事让我感觉很紧张，但因为我很在意你，也很重视我们的友谊，我觉得我们还是谈谈比较好。"

你朋友的最初反应可能和你设想的不同。事实上，他们可能会心生戒备甚至怒火中烧。不要反驳，要尊重他们的感受，但不要放弃表达自己感受的权利。如果谈话失去意义，只剩互相指责和羞辱，那就休息一下，以后再继续讨论。

不是每段友谊都能走到最后，但这并不是坏事。人类是不断变化成长的。高敏感人群虽然重情重义，但也应该割舍掉有害无益的友谊。

寻找高敏感朋友和群体

拥有高敏感朋友和群体对高敏感人士来说是一个巨大的礼物。哪怕对于内向型高敏感人士来说，也是如此。这些社会关系让我们有正常的生活，给我们提供有质量、有深度的关系。

Facebook虽然有许多固有的缺陷，但也是寻找其他高敏感人士的简便方式。我的亲身经历就可以证明这一点。我在Facebook上发现了一个名叫"高敏感心理咨询师"的小组，我可以在小组里和来自世界各地的高敏感心理咨询师交谈，我也可以在小组里发帖求助，通常在几分钟内，我就可以得到反馈。

如果你不喜欢社交媒体，可以用Meetup.com等网站搜索你所在地区的 HSP 聚会。你还可以在你喜欢的活动中找到其他高敏感人士，如艺术课、音乐会或读书会等。你也可以在其他高敏感人士可能感兴趣的地方做志愿者，如动物收容所、食品分发处或社区公园。你不但可以帮助他人，还可以发展有意义的关系。

在伊莱恩·阿伦和许多其他高敏感研究者、先驱者和咨询师的努力下，人们对高敏感人群和高敏感特质越来越了解。你可以参加当地的培训、演讲、研修会或者其他让你感兴趣的 HSP 活动，在那里认识其他高敏感人士。

总 结

  沟通和界限是高敏感者的人际关系中两个重要的部分。起初，你可能会感到不适和迟疑，但只要耐心练习，你就可以收获重要、亲密的友谊。

  我在"友谊"部分讨论了面对面沟通的技巧，你也可以在情侣或家庭关系中使用这种技巧。

  无论一段关系的双方地位、持续时间或情况如何，如果感觉对你有害，或者有虐待行为，你有权利结束这段关系，即使是家人关系。有时，无论我们多么努力，也无法改变一段关系，那最好的办法就是把爱放在心里，和对方保持距离。

  如果你一想到满足自己的需求、设定界限，或者结束一段关系，就感到极度焦虑或不知所措，你要试着寻找你内心抗拒的真正原因。如果你正在接受心理咨询治疗，你可以和你的心理咨询师探讨这个话题；如果你还没有接受心理咨询治疗，可以考虑试试看。

05

第五章

寻找"心流"：工作和天职

高敏感人士很难确定适合自己的工作、职业、天职和使命。我们想在工作中寻求更多的意义，因此会在工作和生活的天平两端挣扎。

首先，我要解释一下我说的工作、职业、天职和使命的含义。我认为工作是指某人为支付账单和维持生计所做的事情，不一定是他们全身心投入的事情。有人可能在一家公司工作，把它看作是他们通往更长久的职位（即职业）路上的一个驿站，他们会对职业投入更多的感情。我认为天职是人们因为热爱或真正感兴趣才做的事情。出于某种原因,一个人的天职可能不是他们的工作。比如,一个在华尔街金融机构工作的律师可能认为教英语是他的天职。使命可以是工作,也可以是天职,总之是一个人在激情或目的的驱使下所做的事情。

例如,有人可能感知到神的"召唤",成为医生、传教士或演员,但不是每个人都能感知到召唤,确定自己真正的使命。

高敏感人士在选择工作、职业或天职方面,以及拥有可控、稳定和有意义的日常工作生活方面,都可能面临额外的挑战,因为我们既要考虑自己的需求,又要考虑现代工作场所的要求、节奏和环境。

本章将会介绍高敏感人士选择工作、职业或使命的相关策略和管理工作场所的策略。我还会分享一些成功经验。

找到兴趣点：高敏感人士的工作、职业和天职

高敏感人群很难确定自己的使命，对适合自己的工作、职业或天职缺乏清晰的认识。他们习惯了隐藏自己的敏感天性，因此他们不知道什么样的工作、生活适合自己。

"你长大后想做什么？"这是童年时经常被问到的问题。如果高敏感人士有幸在一个包容他们敏感天性的家庭中长大，他们可能会探索自己的兴趣，找到他们的天赋所在，但也有一些高敏感人士没有机会探索自己的兴趣，找不到自己的天赋。也许你也遇到过以下情况：知道自己的兴趣所在，但迫于家庭或社会的压力，选择了一个不适合自己的工作或职业。

2019 年，埃丝特·博格斯玛（Esther Bergsma）在一项研究

中调查了来自 10 个国家的 5500 多名高敏感人士，研究发现，来自经济较发达的国家的高敏感者更有机会选择更有意义和适合自己的工作；来自经济不发达国家的高敏感者也渴望拥有更有意义的工作，但他们最终还是会选择收入稳定的工作。这些发现印证了高敏感人士在选择工作时面临的困境。

许多高敏感人士表示，他们喜欢作家、音乐家、艺术家、平面设计师等充满创造性的工作，或是心理咨询师、按摩治疗师、护士或教师等可以帮助他人的工作。高敏感人士喜欢的工作可以让他们感受到自己的"心流"。心理学家米哈里·契克森米哈（Mihaly Csikszentmihalyi）在 1990 年出版了一本关于心流的书，他认为心流是一种心理状态，即一个人超越了正常的思维过程，进入全神投入的状态。心流可以带来狂喜和清醒的感觉。

传统企业的工作结构和文化让许多高敏感人士感到沮丧和窒息。我的许多 HSP 客户更适合需要深入关注细节、创造有意义的关系的行业，如保险、法律、金融或销售等。

乔西就是这样一位客户，他在一家小企业贷款公司工作。每月的销售配额给他带来了一定程度的压力，但他还是利用自

第五章　寻找"心流"：工作和天职

己的 HSP 特质，与客户和同事融洽相处，建立了持久的业务关系。他还利用自己高敏感的特质，仔细研究客户的账户，密切关注点滴细节，帮助客户创造更多财富。

高敏感人士可以敏锐地察觉到自己的兴趣所在，但他们会迫于家庭或社会的压力，做出违背本心的选择。

例如，我的客户安德莉亚迫于家庭的压力和社会的期待，选择了医学和学术作为职业道路。虽然她在学术上很出色，还曾经作为优秀毕业生代表在常春藤盟校的毕业典礼上致辞，但她并不喜欢自己的工作。她说，她感到厌烦、沮丧、疏离，被工作压得喘不过气来。后来，经过我们共同的努力，她慢慢地了解了自己的 HSP 特质，决定重返校园学习平面设计，改变职业路径，展现创造才能。目前，她正在从事平面设计相关的工作，和非营利性质的客户合作，用她的创造力帮助了很多人。

让我们花些时间来评估自己的工作、职业或天职，如果你愿意，可以换一份适合 HSP 天性的工作。

请记住，工作和天职并不一定相同。许多高敏感人士都用可以"谋生"的工作支持自己的天职，我就是如此。

你长大后想做什么？

如果你不确定适合自己的职业或天职，特别是如果你从未深入思考过自己的喜好，你可以试试下面这个练习。想一想这个老生常谈的问题：你"长大"后想做什么？如果不用考虑经济、家庭和文化压力，你想做什么？问问自己这些问题。

- 我上学时喜欢什么科目？哪些科目让我感到兴奋？
- 我小时候喜欢玩什么游戏？扮成过谁？
- 有没有什么我想玩却不能玩的（例如，男孩不能扮演护士或老师，女孩不能扮演工程师或医生）？
- 我的家人是否有意无意地把我推向了一个我并不喜欢的职业？
- 我最喜欢的电视节目或电影是什么？真人秀？悬疑片？游戏节目？什么东西让我感到兴奋？
- 查看自己的Instagram或Facebook账户，我关注最多的是什么样的人，什么东西，以及什么地方？

第五章　寻找"心流"：工作和天职

- 我的工作和天职是否需要相同，还是可以分开？

这些问题可以帮你思考你真正想要却没有机会表达的东西。你可以认真思考，写下答案。

评估

换个工作可能并不实际，即使这些工作可以更好地发挥你的 HSP 特质。最可行的方法其实是改变目前的工作状况。下面的问题可以让你确定这个方法是否有效。

- 我喜欢工作中的哪些方面？我的工作是否让我有使命感？
- 我的工作是让我感到精力十足还是身心疲惫？
- 工作中的人际关系复不复杂？我的 HSP 天性能否得到尊重？
- 我是否在工作中感受到心流？在工作中感受到心流对我来说重要吗？
- 我能在工作中取得进步吗？升职对我来说很重要吗？

- 我的直觉在工作中有没有用武之地？我的直觉能否受到重视？
- 如果抛开金钱和责任，我还会选择现在的工作吗？
- 我是否需要在工作中隐藏真实的自我？
- 我是否幻想过其他的职业？

你的回答就是你的答案，即改变工作状况能否更好地适应你的HSP天性。如果最后一个问题的回答是"是"，下面的练习可以帮助你探索适合你的新职业。

实现"HSP梦想"：理想的工作日

发挥想象力，为自己设想一个完美的HSP职业。想象一个普通却愉快的工作日，从睁开眼睛的那一刻开始，到下班的那一刻结束。想象素材：

- 我选择从事什么职业？
- 我和谁一起工作，做什么，在哪里工作？
- 工作时间表是否紧凑，灵活性怎么样，通勤怎么样？我喜欢朝九晚五的工作还是自由职业？

第五章 寻找"心流":工作和天职

- 我喜欢在小型、中型还是大型公司工作?或者,拥有自己的企业?
- 我每天要和多少人打交道?
- 休息时间和休假时间是什么样的?
- 我是否有真正的休息时间,还是要在办公桌前用沙拉解决午餐?
- 一天结束时,我的感觉如何?疲惫,充实,还是满足?

写完理想的工作日后,看看你是否能找到一个过着你理想生活的前辈,你可以和他们讨教经验。下面的附加策略可以帮助到你。

附加策略

联系一位从事你向往的职业的专业人士(最好是HSP人士),可以通过非正式访谈,也可以通过几封简单的电子邮件。高敏感人士追求完美主义,不知如何面对错误,他人的择业过程和错误对我们很有价值。高敏感人士乐于助人,所以他们可能会很乐意与你分享他们的经验。

工作中的高敏感人士：尊重敏感，避免倦怠

如果我们的高敏感需求在工作中得到满足，我们就会尽情施展才华，但某些办公条件仍然给我们带来挑战（想想全天候办公和可怕的开放式办公室）。这些困难会妨碍我们发挥出全部的潜力。

满足需求和能力认可都是激发高敏感人士潜力的方式。如果高敏感人士都能获得理想的工作条件，那将会诞生多少有创意的方案？

如果办公条件不尽如人意，但这份工作也有让你满意的地方，那你可以试着改变办公环境。怎样才能布置一个能缓解疲惫和倦怠的办公环境呢？

第五章　寻找"心流"：工作和天职

博格斯玛发现，参与研究的高敏感人士中，有 75% 的人表示自己有倦怠感，这个比例高得惊人。大多数被试说，他们在一天中会多次感到疲惫、注意力不集中、胡思乱想；超过一半的人表示，他们认为自己没有得到上司和同事的充分赏识与认可。

许多高敏感的人还因为自己的同理心担负了额外的工作，即帮助他人。他们常常需要感受和回应同事的情绪，因此，他们的休息时间更短了。高敏感人士喜欢关注细节，这个特质不仅让他们容易被情绪淹没，还会给高度敏感的神经系统带来过多的刺激。最后，他们表示，他们不善于应对工作中的社交和批评。

下面提供了一些评估工作场所的工具和策略，你可以根据你的答案调整办公环境。

评估你的工作场所

你可以通过以下问题，考虑目前这份工作的文化架构。如果继续目前这份工作，你可以做出哪些改变？

- 什么是可以改变的，什么是必须容忍的？
- 上司和同事会不会支持我想要的改变？
- 我可以采用哪些方法做出改变？我的短期目标是什么？长期目标是什么？

许多 HSP 客户面临的首要挑战是开放式办公室。

开放式办公室生存指南

开放式办公室似乎是同事之间增进合作和相互交流的理想场所，但这种布局不仅不能保护隐私，还会产生持续性的刺激，让高敏感人士难以适应。以下是一些开放式办公室的生存技巧。

- 你可以要求坐在靠边的位置：靠边的座位，就像飞机上过道边的位置，会有更多移动和调整的空间。坐在靠边的位置，你旁边通常只有一个人；坐在中间的位置，你则需要面对一左一右两个同事。坐在靠边的位置还方便外出，你可以在工作的间隙调节你的神经系统。

第五章 寻找"心流":工作和天职

- 屏蔽外界:高敏感的神经系统会对灯光、气味和噪声等刺激有更强烈的反应。降噪耳机是我们的必备之物。墨镜或防蓝光的眼镜、白噪声机、耳塞、柔软的毯子或围巾也可以派上用场。

- 你可以在办公桌周围建立一堵墙,一扇门,或一个篱笆:如果没有真正的门,你可以用视觉障碍模拟出分割的感觉。用艺术品、植物或你喜欢的小物件装饰你的办公桌。如果你在隔间里工作,你可以考虑购买一个小门。

- 装饰:高敏感人士的天赋之一是欣赏美的事物,无论是艺术、自然,还是我们所爱的人。你可以打造一个符合你审美的办公桌和工作空间。邀请一些长叶子的朋友(又称植物!)来你的办公室安家,它们可以起到镇定和舒缓的作用。

- 安排"办公室时间":许多开放式办公室带有会议室或小型办公空间。如果情况允许,看看是否可以每天、每周或每月保留一个私人办公空间,让自己休息一下。

如果你觉得和老板或上级谈一谈对你有好处,我建议你把谈话的重点放在你需要的东西上，而不是放在你的敏感性上，避免对方对高敏感人群产生误解。

与他人共事

高敏感人士在适应他人和与他人沟通方面很有天赋，但如果有人不理解我们或对我们的需求和敏感的天性进行评判时，我们会感到沮丧。这里有一些策略可以帮助你更好地与他人共事。

寻找 HSP 盟友或群体。你的工作场所中很可能有另一个高敏感的人！利用你敏锐的直觉，找到那个人。你可以和这个盟友一起调整情绪、彼此鼓励、互相帮助。高敏感人士在一些职业中占比很大，比如此前提到的创造性领域和助人领域。

正式或非正式地交流一下高敏感的相关问题。

正式：

● 主动为你的同事提供高敏感知识的培训。伊莱恩·阿伦的网站HSPerson.com上资源丰富，你可以加

第五章 寻找"心流"：工作和天职

以利用，给同事做一个基础培训。

● 如果你选择这个方式，你可以在培训中多强调高敏感人群给工作场所带来的好处，少强调"坏处"。

● 如果你的老板或人力资源部门对举办培训会犹豫不决，你可以告诉他们，高敏感人士在工作中越快乐，工作效率就越高，这对高敏感人士自身和公司都有好处。

● 聘请一位对高敏感人群有研究的心理咨询师来指导培训。你也可以利用一些HSP治疗师提供的在线平台。

● 给同事播放电影《敏感：不为人知的故事》，或将链接发给他们，让他们在闲暇时观看。

● 如果你找到了一个HSP盟友，看看你们是否愿意合作，一起向同事介绍高敏感的相关信息。

非正式：

● 如果你觉得和同事谈论高敏感的话题不太习惯，可以先和值得信赖的朋友与家人练习。

● 准备一个HSP"电梯演讲"，也就是关于高敏感人群的一分钟快速介绍，如果别人感兴趣，可以和他们进一步交流。

- 你也可以在会议、办公室活动或工作以外的活动中和同事简单聊聊高敏感的话题。也许你可以安排一个HSP主题的活动。

应对"反移情"或强烈的情绪反应。心理咨询师都接受过专业培训，我们要确保在咨询过程中注意"反移情"，不要被客户的情绪影响。但通常而言，如果一个客户怒气冲冲地走进我的办公室，咨询结束后很长一段时间里，我还是能感受到这种愤怒。我发现同事之间也存在这种情况，我们有时可能被他人的情绪影响了还浑然不知。

因此，当你注意到自己有强烈的情绪反应时，首先接受它，然后对它抱以好奇，并问自己一个简单的问题：这个反应是我的还是别人的？当你继续探索，你可能会发现这些情绪根本就不是你的，而是别人的。练习"认识平静可控的神经系统"和"学会安抚"技能，有助于缓解你的神经系统。

对难相处的同事和老板保持好奇心、同情心，或与他们划清界限。有些人就是难相处！你还可以利用你的同理心和探究

第五章 寻找"心流"：工作和天职

的特质来扮演侦探，对这个人难相处的原因进行调查。同时"重构困境"，看看是否可以通过自我调整来减少自己在这个人旁边的痛苦。

总 结

　　许多高敏感人士发现，寻找适合自己的工作、职业或天职很难。探索你的特质和才能，看看哪种类型的工作能满足你的灵魂，甚至是你的使命。但请记住，你的职业或天职和你的工作可以不同！

　　按照 HSP 特质的需求调整工作场所。有时，无论我们多么努力，结果都不尽如人意，那就用"学会安抚"的技能来安抚我们高敏感的神经系统，顺便练习"认识平静可控的神经系统"。

　　与他人共事可能颇具挑战，但我们可以利用我们的 HSP 特质，让工作变得更快乐、更顺利。我们要体谅自己，体谅他人。

06

第六章
呵护和成长：照顾

高敏感人群不仅要平衡生活的方方面面，还要精心呵护高敏感的自我。我们以更高的频率接受世界，反应更强烈，所以我们需要格外呵护我们的情感、身体和精神。

本章的重点是如何维系平衡，呵护高敏感的自我。我会介绍几类高敏感人群常见的健康问题，还会深入探讨高敏感人群的精神生活，寻找丰富灵魂的方法。

找到平衡点

人们普遍认为，高敏感人士很难找到平衡状态，事实却并非如此。例如，我的许多客户选择踏上艺术的道路，如表演、音乐、写作、设计，尽管有人建议他们做出更"实际"的选择，但他们认为艺术追求对他们意义非凡。

高敏感人士可能会选择"非传统"的生活方式。丹娜就是这样一位客户，多年来，她一直纠结是否要孩子。经过深思熟虑，她意识到她内心深处一直知道自己不想要孩子，但她对自己的直觉视而不见，因为她从小到大都被教导说女人应该渴望成为母亲。她开始正视自己的真实需求，然后她得到了解脱。

社交媒体的虚拟世界里盛行着完美主义，这些假象让人们藏起了自己的真实需求。高敏感人士发现，社交媒体让他们与他人进行攀比，这种攀比带来的只有痛苦。高敏感人士应该正视自己的真正需求，驾驭社交媒体，而非被社交媒体驾驭。

在你练习书中的一些技能和策略时，你要警惕 HSP 的完美主义倾向。你不要对改变自己和人际关系抱有不切实际的期望。

阅读"故意犯错：改变完美主义的习惯"，学习容忍不完美。

你需要调整期望和适应环境变化，不要苛求自己。

发现核心价值

发现并尊重我们的核心价值，规划生活，找到生活的重心和平衡点，为那些需要更多关注的领域多花些心思。

以下包含了十个核心价值，这些核心价值符合高敏感人群的需求。在 1 到 10 的范围内，根据每项价值对你的重要性打分，10 是最重要的，1 是最不重要的。打分时，你一定要提防自我批判，不必用社会的价值体系约束自己。

- 金钱/财务
- 恋爱关系
- 家庭关系
- 自我认同
- 宗教/精神信仰
- 艺术/音乐
- 自然/动物
- 沟通/诚实/真实
- 身体健康/锻炼
- 社会/全球正义

确定了你心中的核心价值后，就用这些价值指导你的生活，调整你的生活重心。下面的练习能够帮你进一步认识你的核心价值，你可以利用你的敏感核心技能，实现你的核心价值。

完善和扩展核心价值

上一个练习确定了你的核心价值，接下来，你需要按从10到1的降序排列这些价值，看看哪些对你来说是最重要的。将这些价值与以下敏感核心技能进行比较。在对你最有价值的领域，哪些敏感核心技能可能对你帮助最大？

1. 自我支持/自我养育
2. 认识过度刺激
3. 认识平静可控的神经系统
4. 学会安抚
5. 认识情绪
6. 尊重真理，回应正义
7. 尊重快乐，发展创造力
8. 设定容忍界限
9. 重构困境

例如，如果你认为"恋爱关系"最重要，那么"认识情绪"和"设定容忍界限"可能是你需要关注的技能；如果"社会/全球正义"在你的价值清单上占有重要地位，那么你就应该关注"尊重真理，回应正义"这一技能。充分发挥敏感核心技能的价值，探索对你最有帮助的技能。

故意犯错：改变完美主义的习惯

高敏感人士希望把任务一次做对、做好（即完美主义）。虽然完美主义并不总是一件坏事，但可能不利于我们获得新经验，毕竟犯错也是学习和体验新事物的一个重要部分。

这个练习需要你容忍错误和随之而来的想法与身体感觉。随便设想一个"错误"场景，下面是一些例子。

第一阶段：

- 在餐馆或快餐店故意点错东西。拿到食物后，抱歉地表示你点错餐了，麻烦他们修改订单。
- 回家时故意走错路。犯错之后，纠正路线，找到回家的路。
- 故意弄掉、洒掉或撞倒东西。你可以用一个装满水的塑料杯进行练习。
- 穿错袜子或其他成对的衣物。

第二阶段：

- 充分感受错误带来的不适感。

- 记录你的想法、感受和感觉，不要评判！在犯错之前、其间和之后，你有什么想法？错误发生时，你有哪些身体感觉？这些感觉虽然不舒服，但是否可以忍受？

第三阶段：
问问自己以下这些问题：

- 这种不适感是暂时的，还是会持续一辈子？
- 我因此死了吗？
- 所有的人和所有的生物因此恨我了吗？
- 地球是否因此把我整个吞下了？
- 附加问题：我曾经犯了什么"错误"，但我解决了，或者我现在发现其实那个错没什么大不了的？

继续思考这些问题，你会发现有些错误是可以容忍的。是的，虽然不舒服，但可以容忍。

健康快乐的高敏感人群

身体不仅承载着过去的创伤，也讲述着现在的情感状态。高敏感人士感觉更敏锐，因此更应注意身体和情感的健康。

朱迪斯·欧洛芙博士在《不为所动：精神科医生写给高敏感人群的处世建议》中说，高敏感人群更容易患有共情疾病，其身体上的（生物学的）症状并不源于他们的大脑或身体。她把他们称为身体共情者，或是承受他人身体症状的人。这些人认为自己有心理疾病，如焦虑症、恐慌症、抑郁症、慢性疲劳或慢性疼痛。欧洛芙博士发现，一般的治疗形式对这些人没有效果，反而是非常规的治疗方法能够产生效果，如独处、接触大自然或练习冥想。

欧洛芙博士还指出，高敏感人群更容易靠暴饮暴食舒缓情绪。我们喜欢吃许多"安慰性食物"，特别是糖、碳水化合物及垃圾食品。我个人对这种倾向深有共鸣。我也尝试了很多其他的舒缓、平静和治疗方式，但我还是最喜欢塔可钟（Taco Bell）的豆子和奶酪卷饼带给我的快乐，加上辣酱，快乐还会加倍。这个舒缓方式有时能给我带来和温水澡或温暖的拥抱一样多的快乐和安慰。炒豆子被辣酱紧紧包裹着，给我高敏感的灵魂带来了前所未有的平静。

2014年，伊莱恩·阿伦在她的博客"舒适区"（Comfort Zone）上发表了一篇极具启发性的文章，这篇文章讨论了高敏感人群的身体健康和情感健康的独特关系。阿伦博士指出，eudaimonia（希腊语，幸福）是亚里士多德探讨的一个概念，他将其描述为一个人在做他们本该做的事情时体验到的快乐。

2008年，发表在《美国国家科学院院刊》上的一项研究证实了亚里士多德的理论。研究人员发现，一个人的行为和感觉状态可以影响人类基因结构中的某些区域，这些区域可以调节体内的免疫系统和炎症反应。快乐的人的免疫系统更好，身体里的炎症反应也更少。快乐、充实和充满意义的生活不一定能让我们远离疾病，但肯定能起到帮助作用！

高敏感人群的创伤更多，与创伤经历有关的症状也更多，我们的身体对创伤做出反应，产生慢性疾病。这些疾病可能表现为成瘾性、自身免疫性疾病、睡眠障碍或心理障碍。敏感的你可能已经察觉到，你的情绪与身体息息相关，相互影响。

健康快乐小贴士：

● 关注心理健康。正如我们刚刚讨论的，快乐带来健康。我们想将情绪状态与身体状态割裂开，但显然做不到。情绪健康和身体健康同样重要。

● 如果我们最近压力很大，或经历了创伤，就会更容易生病。如果你刚刚经历过或正在经历压力或创伤，就要格外注意自己的身心健康。如果你确实因压力或创伤而生病，要好好照顾自己。自责或自虐并不能让你痊愈。

● 许多心理咨询师推测，高敏感人群更容易对毒品、酒精、性和赌博上瘾，成瘾的核心原因在于这些东西能够镇定、舒缓和调节情绪。如果你正在与成瘾做斗争，你可以寻求帮助。美国的许多州都为想要戒瘾的人提供免费或低成本的治疗，大多数保险也都涵盖了成瘾治疗。

● 高敏感人群容易过敏。如果你不确定自己对什么敏感，可以去医院进行检查。大多数医院都可以做这种检查。你可以根据检查结果，远离敏感源，保护敏感的身体。"自我支持/自我养育"的核心敏感技能对这点很有帮助,我们可能需要特殊的便利,选择适合我们的饮食。

- 坚持运动。运动是自我照顾程序中的重中之重。运动的目的不在于减肥,而是增加我们体内的内啡肽。高强度间歇训练(HIIT)或瑜伽都是不错的选择。出汗可以让高敏感的身体得到释放。哪怕每天散散步,也能创造奇迹。

- 如果我们也经历过创伤,特别是童年创伤,我们的高敏感系统更容易出现自身免疫性疾病和慢性疼痛。除了看医生,还可以考虑身心治疗相结合。彼得·莱文(Peter Levine)创造的体感疗法是一种只对身体进行治疗,但对灵魂和身体都有疗效的方法。精神运动法和正念认知疗法也可以考虑。

- 高敏感系统容易受到环境和食物的影响,我们可能对药物更敏感。你应该让医生知道你的情况,看看较低剂量的药物是否对你同样有效。

呵护高敏感的身心

医疗保健系统并不是为高敏感人群建立的，我们可能需要在必要时提出我们的需求。我们有"看不见的"慢性病或免疫系统疾病，但医生可能不了解我们的病因，此时，我们需要主动告知。

例如，我的客户奥利维亚患有多囊卵巢综合征，这是一种内分泌及代谢异常所致的疾病，临床表现为月经不调、疲劳、不孕、胰岛素抵抗、体重增加、抑郁等，也可能引起一些并发症，如糖尿病和高血压。年度体检时，她的甲状腺上出现了一个小结节，她被转到一位专家那里进行进一步检查。

第一次问诊中，专家检查了她的甲状腺，询问了她的病史，包括多囊卵巢综合征的诊断史。在奥利维亚没有主动询问的情况下，医生告诉奥利维亚她应该试着减肥，以及她应该做什么样的运动。奥利维亚静静地听着，她很熟悉医生对她的减肥说教，尽管她从十几岁开始就一直在节食。医生还推荐了减肥药。奥利维亚感到疑惑，因为她和医生提过她饮食失调的过往。鉴于她的情况，这似乎是一个有点极端的建议，尤其是在两人仅仅见面 10 分钟之后，奥利维亚听完后点了点头，礼貌地拒绝了减肥的建议，开了一张甲状腺超声波检查单，然后离开了医生的诊室。她在我们的心理咨询中表达了她当时的愤怒和沮丧。

后续治疗中，奥利维亚等待着超声波检查结果。她得到的第一个结果是不确定，她需要再次接受检查。医生似乎忘记了他们之间的第一次对话，再次向奥利维亚建议同样的饮食和运动计划，推荐了同款减肥药。奥利维亚还是静静地听着，她太生气了，一时想不到回应的方式。几天后，经过深思熟虑，奥利维亚给医生写了一封电子邮件，她表示连续被说教两次，不仅毫无帮助，还让她觉得屈辱。她还告诉医生，用这种方式和病人沟通是不尊重的、无效的，对高敏感的患者来说，尤为如此。她用自己温柔的力量和沟通天赋成功地表达了她的感受。医生很快回信表示歉意，并承诺在接下来的治疗过程中只关注她的甲状腺结节。

奥利维亚的故事能够引起许多高敏感人士的共鸣。回想一下，在你与医生相处的过程中，你是否也有过类似的感受。如果你能回到过去，与他们对峙，你会说些什么？你会如何利用你的新技能保护自己？或者，如果你也选择写一封电子邮件，你会写些什么？你希望得到什么样的治疗？

整体性的治疗模式

高敏感人群的身心紧密相连，整体或基于感官的治疗方法可能对我们更有帮助。我们的神经系统更开放，更容易受到刺激，可以接收更多的感官信息，因此基于感官的治疗模式可能会产生更好的效果。你不妨考虑一下以下这些方式：

- 针灸
- 芳香疗法
- 艺术疗法
- 颅骶疗法
- 情绪释放疗法，也被称为敲击疗法
- 冥想（尤其是正念冥想和超验冥想）
- 自然疗法
- 指压按摩
- 声音疗法

并非每一种疗法都适合你；针对特定的时间和需要，有些方法会更适用。

HSP 每日健康贴士：我吃饱喝足了吗？

时间紧、压力大的情况下，高敏感人群容易忽视自己的基本生理需求。这是一个不健康的习惯，如果基本需求得不到满足，身体里会产生更多的压力和炎症反应，只会让困难的局面变得更加困难。

每天至少检查三次你的基本需求。你可以在办公桌、手机或其他醒目的地方提示自己。问问自己以下这些简单却重要的问题。

- 你吃饭了吗？
- 你喝水了吗？
- 你今天喝了多少咖啡？你累吗？
- 你心理上感觉如何？
- 你的身体感觉如何？
- 你是否有"情绪宿醉"（因前一天强烈的情绪反

应而感到疲倦）？

●你今天深呼吸了吗？

●你今天接触大自然了吗？你今天锻炼身体了吗？

●你今天与你关心的人联系过了吗？

●你今天是否看到了赏心悦目的事物或听到了动人心弦的声音？

●如果你觉得自己在哪些方面还没做好，请尽快补偿自己。吃点零食，喝点水，打个盹，抱抱树，找只宠物抚摸一下，放点好听的音乐，或者做个深腹式呼吸。你高敏感的身心会感谢你的！

敏感者的自我关怀

当前文化中存在许多自我关怀的实践和范例。社交媒体、电视广告和电话广告中，泡泡浴、面膜和按摩的信息让人应接不暇。泡澡肯定没有错，但高敏感人群的自我关怀方式可能与其他人不太相同。高敏感人群有强烈的同情心，所以我们总是忽视自己的需求，为他人服务。

无论你上了多少瑜伽课，冥想了多少小时，或者吃了多少有机食品，如果你没有与自己建立良好的联系，这些努力往往还是会付诸东流。自责是没有用的。你要知道，若你产生了消极的心理暗示，其实不是你的错，因为我们头脑中的声音都是我们收到的外界信息。自我关怀的首要任务就是尊重自己，体谅自己，善待自己。如果你刚刚开启自愈之旅，还在探索真实的自我，这一点就更为重要。

情绪自我关怀：回到幼儿园

我在心理咨询中常使用的一个比喻是，把你的思想想象成一间幼儿园教室。你的一部分是旁观者，一部分是老师，还有一部分是年幼敏感的学生。

这个场景可以让高敏感人士感到治愈。幼儿园教室五颜六色，充满温馨，你可以吃到小点心，还可以午睡。幼儿园老师亲切温柔，学生们犯了错，她们也不会责怪。

她们不会说："嘿，笨蛋，你涂到线外了！"她们会温和地指出学生天马行空的地方。这样的学习环境可以让小小人类感到安全、平静、被爱和被接受。

无论是处于哪个年龄段的高敏感人士都可以从友善安全的环境中受益。我们可以在线外涂颜色，可以在午休时多睡一会儿。如果你发现你对自己说话很严厉，态度很消极，练习用幼儿园老师的语气和自己对话。

比如：你在一份重要的工作报告上犯了错。你的最初想法可能是这样的：你这个白痴，怎么能犯这种错误？你这个傻瓜，你怎么回事？你怎么什么都做不对！你可以试着把这些话变得亲切温和，更像是出自幼儿园老师之口。比如：好吧，我亲爱的人儿，你似乎犯了一个错误，但你要知道，没有人从不犯错。试着回想一下这件事，看看下次能不能做得更好。你想吃点东西吗？

你并不一定需要用严厉的、直白的、带着伤害性的言语处理你的错误。这并不是在免除责任，而是在为学习和成长留出空间。

如果你发现你很难用温和包容的态度与自己说话或相处，你可以和你的心理咨询师讨论这个问题。如果你没有心理咨询师，以下的内容可以帮助你找到一个。

如何找到一名（知识型高敏感）心理咨询师？

作为一名心理咨询师，我经常被朋友、家人或刚认识的人问及如何寻找心理咨询师。你可以通过下面这个指南找到适合你的心理咨询师。

● 接受心理治疗是高敏感人群能送给自己的最好的礼物。50%的高敏感者已经在接受心理治疗。高敏感者会认为，我们很难遇到理解我们高敏感天性的人，但其实理解我们的人是存在的。

● 伊莱恩·阿伦在网站HSPerson.com上列了一个HSP咨询师、治疗师、教练和医疗专家的名单，这个名单按照美国各州和美国以外地区的顺序列出，希望你可以通过这个名单找到你家附近的HSP治疗师。没有找到也没有关系，现在越来越多的治疗师在很多州都有执照，他们可以远程提供电话或视频治疗。

● 注意甄别。无论某人的Instagram或Facebook页面看起来有多精彩，或者你对他们的帖子有多深的共鸣，千万不要与没有许可执照的人合作。

即使他们宣称自己是这方面的专家，也不要和这些没有国家或医疗机构许可执照的人合作。我在网上看到过许多自称是高敏感"教练"的人，但他们没有证书认证，没有经过专业培训，没有能力处理人们的复杂状况。专业人士则恰恰相反。

第六章　呵护和成长：照顾

但是，精神、直觉和非常规的治疗模式目前还没有正式的许可机构。如果你觉得这些治疗可能对你有好处，请确保你充分了解对方的经验和专业水准。

● 你可以请信任的朋友或家人推荐治疗师，或者求助于熟悉的治疗师。如果恰好有一位亲人是治疗师，请听听他的建议。

● 设想一下你的理想治疗师应该具备哪些特征，比如性别、年龄、经验、专长、证书和治疗观点。这些问题的答案没有正误之分，只有适合不适合。

● 如果你有条件，就去寻求治疗师的帮助吧！我建议你可以缩小搜索范围，挑选前三名，然后通过电子邮件或电话与他们联系。大多数治疗师提供15~20分钟的免费咨询，你可以在此期间谈谈你的需求，了解他们的治疗方式。如果你对他们感到满意，并且有时间和预算，你可以与治疗师预约，进行初步的面对面交流。

● 亲自见一见他们。确定一个治疗师是否适合你的最好方法是，看你是否感觉自己被看到，被听到，有安全感，能够敞开心扉。

● 问问你心仪的治疗师，他们是否给自己做过心

The HIGHLY SENSITIVE PERSON'S TOOLKIT

玻璃心也没什么不好：
高敏感人群的不受伤练习

理治疗。我认为，助人需先助己。如果他们拒绝告诉你，或者表示没有相关经验，我强烈建议你不要与这个人合作。

● 如果治疗师不给你回复或回复很慢，不要认为是你的问题或就此放弃。许多治疗师，特别是像我这样的高敏感治疗师，有时可能无法快速回复我们的新客户。我们的工作意义重大，回报丰厚，但我们也会常常感到非常疲惫，所以常常会一时忘记回复电子邮件或电话。如果你被某个特定的治疗师吸引，但没有及时收到回复，请再发一次邮件。就我个人而言，我不会介意新客户继续跟进。

● 如果你没有保险或资金不足，也可以考虑大学或培训团体的咨询师，了解他们面诊的时间，报名参加。这些培训中的咨询师接受过专门的培训，还会由经验丰富的持牌咨询师监督。你很可能通过这样的方式，用低成本得到高质量的咨询。

● 如果你已经在接受治疗，你可以问问你的治疗师是否了解高敏感人群，是否愿意与你探讨HSP特质。如果他们没有接受过这方面的培训，那你可以问问他们是否愿意了解相关知识或接受相关培训。如果你的治疗师对高敏感人群抱有偏见，请考虑换一个治疗师。

高敏感帮助者和治疗者的自我关怀

高敏感人群是天生的帮助者和治疗者，所以我觉得有必要在书中增加这个部分，提醒我们自我关怀，毕竟这是件知易行难的事情。

- 请记住：无论我们有多大的天赋，无论有多少人拉着我们的衣角乞求我们的帮助，无论我们多想帮助世界上每一颗破碎的心灵和每一个痛苦的灵魂，但我们首先是人，其次才是治疗者，我们必须承认我们的人性。这不正是我们试图教导他人的吗？优秀的心理咨询师不会教导他人成为无坚不摧的机器人，而是教导他人勇于面对自己的天性。你需要践行你所宣扬的东西。

- 我们不是救世主，不必拯救所有人，即使我们觉得我们可能对情况有所帮助。作为治疗者或帮助者，你也需要照顾自己的情绪和身体。如果感觉不适，你可以暂停咨询，或尝试帮助其他类型的客户。另外，我们并不是唯一可以提供帮助的人，这一事实可能会暂时刺痛我们，但当我们的能力达到极限时，这个事实可以让我们感到释然。如果有需要，你可以参考这一点。

● 你要清楚为什么你觉得自己必须帮助或治疗他人。是的，提供帮助是我们的天职或使命的一部分，但我发现几乎所有的治疗师也通过帮助他人得到了治愈。对他们来说，这是一件寻找自身价值和意义的事情。治愈他人确实是一件美好的事情，但至关重要的是，我们要知道自己为什么必须为他人服务，牺牲自己的身体或精神健康来治疗他人是否值得。

● 如果你正在受训成为一名心理咨询师或治疗师，请确保你的导师理解并尊重你的高敏感天性。虽然高敏感已经得到医学研究的证实，但还是有一些医生或治疗师认为高敏感特质仅仅是心理学上的一时潮流。如果你的导师质疑你的特质，请考虑寻找一位理解和重视你的高敏感天赋的导师。

敏感灵魂的灵性

精神病学家、作家和大屠杀幸存者维克多·弗兰克尔（Victor Frankl）的书《活出生命的意义》（*Man's Search for Meaning*）令人心碎，深刻隽永，他探讨了人类在最可怕的环境下——纳粹集中营奥斯维辛——的生存状况。他说："习惯于丰富的精神生活的敏感人士可能会遭受很多痛苦（他们往往体质柔弱），但他们内心受到的伤害较小。他们能够从可怕的环境中撤退到丰富的精神生活中。这就解释了一个明显的'悖论'，即一些看似柔弱的囚犯似乎比那些看似坚强的囚犯更能适应营地的生活。"

尽管书中没有提及，但我想弗兰克尔本人可能也是一个高敏感的人，有可能正是他的 HSP 特质让他得以生存下来。我们敏感的天性可以让我们产生非凡的毅力和力量。但是我们有时会被高敏感人群的负面信息困住，忘记这一点。我们总是在意我们的弱点，忘记我们可以为自己和世界带来多大的活力。

我本人是大屠杀幸存者的后代。我的祖父和祖母都曾是奥斯维辛集中营的囚犯，经历了大屠杀。因为种种原因，我未能和他们聊起过他们的敏感性。我时常思考，他们是否是靠着丰富的内心世界和生动的想象力在恐怖的环境中坚持下去的？他们内心深处是否有一种直觉告诉他们要活下去？这些问题永远也得不到答案了，但我知道，我确实从某处继承了敏感性，也许就是他们的。

以下的内容将会更深入地探讨灵性和直觉。我还将简要地解释高敏感人群的阴影。

要知道，许多高敏感的人，包括我自己，很难丰富自己的精神生活。

聆听你最睿智的声音：相信直觉

高敏感人群所拥有的最珍贵的礼物之一是我们的直觉。我们中的许多人都有很敏锐的直觉，但我们被错误地灌输了一些思想，对自己最睿智的声音置之不理，有些人从童年开始就挣扎于要不要听信自己的直觉。

直觉与我们时刻相伴，但我们可能需要学习如何聆听它们。有时，它是你肚子里的咕噜声，连接着你脑海中那个柔和的声音，温柔地引导着你。有时，它表现得很强烈，是一声大吼或一阵警笛，提醒你及时转身或停止。它总是在你身边。你要做的只是学会聆听。

下面有一些简单安全的方法，帮助你练习聆听你的直觉。

- 脚随意动。不事先决定路线，跟着直觉走。放空大脑，跟随身体和感官的指引，让它们决定脚下的方向。一阵花香飘入你的鼻腔？那就走近一点。拐角处出现一束光？那就看看那里有什么。远处传来几声鸟叫？那就试着跟随它们的叫声。聆听身体给出的信号,走向心中的那个地方。

●创意美术。用蜡笔、马克笔、画笔进行直觉艺术创作。尽量放空大脑,让手和手指带路,让眼睛决定颜色。没有正误之分,只有对的感觉。看看你创造了怎样的美!

●直觉的战果。打开网飞(Netflix)或任何其他流媒体平台,放空大脑,看看你是否能够跟随直觉,找到一些你以前没有看过的视频。与其跟随潮流,不如听从内心那个好奇的声音,满足你的好奇心。

练习聆听直觉的声音,记住直觉在身体中的感觉。直觉确实给了我们微妙的信息。在日记中或你喜欢的其他地方,记录你的直觉。你的直觉是什么声音?给你什么样的感觉?是否有一个图像出现在你面前?直觉在你身体的什么地方?你怎样才能与之更清晰地对话?看看你能否与你最睿智的声音建立起更牢固的联系。

认识高敏感的阴影

"阴影"这一概念是由瑞士心理学家卡尔·荣格(Carl

Gustav Jung）提出的（他的作品中也提到了敏感性）。荣格是在心理学和精神之间架起桥梁的人。通过对精神的不同领域的研究，他提出人类都有阴影，或者可以称之为人类的"黑暗面"，我们将这部分的自己藏在阴影中，不让别人看到，甚至不让自己看到。

伊莱恩·阿伦也描述了高敏感人群的阴影，即软弱、易怒、优柔寡断、愤世嫉俗。

根据我的个人经验和临床实践，我发现，高敏感人群最明显的阴影是烦躁、愤怒和暴怒。烦躁的是这个世界并不总是为我们的敏感天性而设计，愤怒的是我们时常被误解，而暴怒的是非高敏感人群没有像我们一样观察和体验这个世界。

我们需要承认、尊重和拥抱自己的阴影。如果有人告诉你，你的愤怒是错误的，你不要相信他，你可以试着欢迎自己的愤怒，想想愤怒的缘由，看看这种愤怒是否需要表现出来。有时，我们要允许自己感受阴暗情绪，即使是"错误的"，这也会成为我们慢慢冷静的契机。如果你觉得这个方法对你有帮助，你可以和你的心理咨询师及治疗师讨论一下这个话题。

DIY 你的灵修秘方

创造属于你自己的精神之源,可以是一个地方、一本书籍或是一个俱乐部,每当生活变得混乱失控的时候,你可以来到这里,接受灵魂的滋养。目前,我的灵修秘方包括练瑜伽、听播客、接触动物和自然,这些活动让我感到充实满足。我认为心理咨询师是一个神圣的职业,这个职业让我感到满足。希望你也能找到让你感到满足的工作。

总 结

高敏感人群需要发现并尊重自己的核心价值，创造平衡有序的生活。你有权利也有资格选择真实的生活。

"自我支持／自我养育"是保证个人健康幸福的基本策略。我们需要不断练习这个技能，让这个技能成为我们的习惯，滋养我们的身心。你要发现和调整你的核心价值观，在这个过程中，你要对自己有耐心和同情心。

"抛开完美主义"也是高敏感人群需要学习的重要技能。你可能会有完美主义倾向，但你要学会容忍不完美。

高敏感者的身心紧密相连，因此，我们的身心健康同样重要。

"自我关怀"也很重要，许多高敏感人士从事着帮助者或治疗者的职业，在照顾他人的同时，也不要忘了照顾自己。

"自我实现"或"自我整合"也是值得关注的技能，你要学会尊重和应对自己 HSP 特质的阴影。所有的情绪都值得认真对待！

致谢

衷心感谢我的导师玛丽·迈尔斯（Mary Myers），她是上天送给我的一份礼物。同时，我非常感谢曾有幸共事的治疗师们，特别是我过去的治疗师范妮·布鲁斯特（Fanny Brewster）博士和我现在的治疗师莎朗·克莱恩伯格（Sharon Kleinberg）。没有你们，就没有这本书！

我还要特别感谢我所有的客户，他们和我分享了他们的故事，并允许我写下他们的故事。

我很荣幸能陪伴你们开启自愈之旅。